Macao
International
Design
Exhibition

02

第二届"金莲花"杯国际设计大师邀请赛获奖作品集
Awards-2nd Golden Lotus International Design Invitational Tournament

符军 编著
澳门国际设计联合会 总策划
凤凰空间 出版策划

江苏凤凰科学技术出版社

阿尔巴洛·西萨（Álvaro Siza）
阿尔巴洛·西萨合伙人
卡洛斯·卡斯塔涅拉（Carlos Castanheira）

Nothing is haphazard, nothing is unjustified. The relationship between space and function is everything.

Carlos Castanheira

建筑并不是一个独立体，需要在长时间发展中与城市结构合为一体。整个城市是活的，有些时候，不仅是在某一个地点建造一个地标建筑，设计师的行为也包括多层意义——通过一个建筑激活区域和人群。建筑本身是与人互动的载体，这种互动可能是积极的也可能是消极的，会影响人的工作、生活和使用空间的方式。

非常感谢澳门国际设计联展组委会授予扎哈·哈迪德女士设计2015'澳门国际设计联展暨"金莲花"杯国际设计大师邀请赛"设计中国杰出贡献奖"的殊荣，作为论坛演讲嘉宾，我分享了扎哈·哈迪德建筑事务所的作品。希望通过交流能给设计师更多的启发，未来有更好的设计作品在中国诞生。在此，祝愿澳门国际设计联展这样一个跨界平台可以蒸蒸日上，期待有更多设计师参与到这样一个多元化的展示交流平台。

大桥谕

扎哈·哈迪德（Zaha Hadid）

Architecture is not an independent issue, it needs to be integrated with the city structure for a long time development. The city is alive, sometimes, not only we need to build a landmark in a certain location, the behavior of the designer also includes meanings through a building to activate the region and people. Architecture is connected with human, this positive or sometimes negative interaction will affect the way what people work, live and use the space.

I am grateful to Macao International Design Exhibition Organizing Committee for granting Ms.Zaha Hadid the "Design China Outstanding Contribution" award of 2015' Macao International Design Exhibition— "Golden Lotus" International Design Invitational Tournament. As the forum speaker, I shared Zaha Hadid Architects' works, and I hope we not only can learn from each other and get more inspiration for architecture and design, but also to do more better design in China. Thus, I wish the Macao International Design Exhibition, such a crossover platform can be better and better to achieve our dream, let us create a beautiful future.

Satoshi Ohashi

扎哈·哈迪德建筑师事务所合伙人
大桥谕（Satoshi Ohashi）

2015年10月22-25日成功举办的澳门国际设计联展是一场国际设计交流的盛举。展览从全球范围征集的400余件建筑与室内设计的优秀作品，反映了当今设计界的总体水平和设计师在排除各种浮躁之风的干扰而潜心追求建筑创造的定力，也展示出许多青年建筑师对理想的执着追求。现在将这次展览成果出版成集，是很有意义的。

人离不开建筑，社会的进步离不开建筑，设计工作者肩负的使命光荣艰巨。设计工作者始终不忘建筑的基本宗旨、把握时代脉搏、谨记代表先进文化前进方向、勤于耕耘、精于创造，就能不断贡献出好的作品。如果能把建筑形式风格的探讨提高到城市文化、地域文化的层次，把每个设计项目提升到人居环境、生态文明的范畴，在21世纪，设计工作者将对世界做出历史性贡献。澳门设计联合会每年举行一次的联展，将展示出广大设计工作者前进的步伐。预祝这一活动成功地、持续地开展。

借此机会，对2015'澳门国际设计联展第二届"金莲花"杯国际设计大师邀请赛颁予我"设计中国杰出贡献奖"致以衷心的感谢。

张锦秋

The Macao International Design Exhibition had been held on 22-25 October 2015 successfully, and was a grand international exchange event. There are over 400 architecture and interior designs from the worldwide collection shown in the exhibition. The arts are reflecting the overall level of design and designers in today's world in a variety of impetuous wind exclude interference from anyone, devote themselves to the pursuit of architectural creation, also it shows many young architects ideal pursuit. It would be meaningful to publish the outcome of this exhibition.

None of people and society can get rid of architecture, designers are shouldering arduous and glorious mission. They have to remember the root of architecture, to grasp the pulse of the times, to represent the direction of advanced culture, diligent in work, skilled in creation, to contribute the good work continuously. If we can explore the architectural style form the level of urban culture to the regional culture, and upgrade each design project to the category of living environment, ecological civilization, in the 21st century, designers will make a historic contribution to the design world. The Macao International Design Exhibition launched by Union for International Design of Macao each year, will demonstrate a great designers' progress. I wish success to this activity, carried out continuously.

Besides, let me take this opportunity to thank The second "Golden Lotus" International Design Masters Tournament awarded me the "Chinese Design Outstanding Contribution Award" in Macao International Design Exhibition 2015.

Zhang Jinqiu

中国工程院院士
中国建筑西北设计研究院 总建筑师
澳门国际设计联合会永远荣誉会长　　　　张锦秋
Academicians of Chinese Academy of Engineering　Zhang Jinqiu
Chief architect of China Northwest Architecture
Design and Research Institute
Forever Honorary President of UIDM

传承与创新是建筑永恒的主题，2015'澳门国际设计联展上众多国内外设计师汇聚一堂，其中包括享誉全球的设计大咖，也有年轻有为的设计师，通过这次盛会，我既看到了传承优良传统，又看到了创新的力量的崛起，建筑事业因传承与创新而不断繁荣。

我认为设计师们应以具有中国特色的建筑创作理论作为指导设计创新的基本理念，在该理念基础上相应提出了"两观三性"建筑理论体系，并结合大量的建筑创作实践深刻地解析了建筑创新的原则与策略，即从地域性入手，探索建筑形式和空间生成的依据，提升建筑文化内涵和品质，并与现代材料、技术和美学结合，最终实现地域性、文化性、时代性的和谐统一。

感谢2015'澳门国际设计联展组委会授予我第二届"金莲花"杯国际设计大师邀请赛"设计中国杰出贡献奖"的殊荣，我会倍加珍惜，亦会更加努力争取在以后能取得更好的成绩，并培养更多优秀的青年设计师。同时祝愿澳门国际设计联展越办越出色，推动我国设计行业的蓬勃发展。

何镜堂

Inheritance and innovation are the eternal themes of architecture. Macao International Design Exhibition 2015 brings together a number of domestic and foreign designers, including not only the world-renowned designers, but also promising young designers. I can see both inheriting fine traditions and the rise of innovation power through this event. The building heritage will keep prosperous because of the inheritance and innovation.

I think designers should have Chinese characteristics as a guide to the basic concept of design innovation which is combined with a lot of architectural creation profoundly resolve innovative architectural principles and policies, from regional features to start exploring architectural form and space to generate a basis for building quality and enhance the cultural connotation, and combined with modern materials, techniques and aesthetics, to be in harmony with region, culture, and times.

Thanks for Macao International Design Exhibition Organizing Committee 2015 awarded me the "Chinese Design Outstanding Contribution Award" in The Second "Golden Lotus" International Design Masters Tournament. I will cherish and strive harder to get a better result, and train more outstanding young designers, wishing Macao International Design Exhibition to be more and more excellent, and to promote the vigorous development of design industry in China.

He Jingtang

中国工程院院士
华南理工大学建筑学院 院长、博士生导师　　　　何镜堂
澳门国际设计联合会永远荣誉会长　　　　　　　He Jingtang
Academicians of Chinese Academy of Engineering
President & Ph.D. supervisor -School of Architecture,
South China University of Technology
Forever Honorary President of UIDM

作为澳门国际设计联合会荣誉会长，很荣幸见证了澳门国际设计联展从诞生到迅猛发展。澳门国际设计联展作为东西方设计行业沟通的桥梁，为世界各地打造了一个设计行业的交流互动舞台，促进行业之间的资源整合和提高设计师的知名度，为促进亚洲及国际设计行业交流提供了广阔的平台，极具商业价值和艺术价值，有利于设计行业朝着健康的方向发展。

我认为创造性、开拓精神、创新性和技术水平都是从事建筑设计工作所必备的基本要素。

MIDE第二届"金莲花"杯国际设计大师邀请赛为更多青年才俊提供一个展现自我的国际平台，很高兴每一年都可以看到崭新的设计师面孔和极具创新意识的作品。主办方为了更好地展示设计师们在联展期间参赛的优秀作品，特意编撰成作品集，具有重要的艺术价值和参考价值。在此也祝愿一年一度澳门国际设计联展活动不断引向深入，为设计事业做出更多的贡献。

马若龙

As the Honorary President of the Union for International Design of Macao, I am honored to witness the Macao International Design Exhibition rapid development, since its birth. This exhibition embodies the bridge between Eastern and Western design industries. The objective behind is to provide a stage where different designers can promote their knowledge and resources. This broad platform works towards the gathering and exchange between Asian designers, in favor of a healthy development of Asian designers.

Creativity fuels both design and architectural work. As in architecture, creativity innovation and dedication are essential in our daily pursuit.

The 2nd "Golden Lotus", held by MIDE, is a great platform for younger designers to showcase their works to a broader public. I am very pleased to observe the quality of the works of this upcoming designers. As such, all the works will be compiled into a global portfólio of every designer's work. It is my wish that the anual Macao International Design Exhibition, and its activities, will contribute to the development of the design community.

Carlos Marreiro

MAA马若龙建筑师事务所有限公司
澳门仁慈堂婆仔屋文化创意产业空间
创办人、合伙人及总裁
澳门国际设计联合会荣誉会长
MARREIROS ARQUITECTOS ASSOCIADOS
Founder & President of SANTA CASA DA
MISERICÓRDIA DE MACAU
Honorary President of UIDM

马若龙
Carlos Marreiros

我们这个年代的设计师很幸运，赶得及中国改革开放经济的发展，也有很多机会，所以我们在享受这个机会成果的同时，也应该思考一下，如何将我们的经验同年轻设计师分享。

2015"金莲花"杯国际设计大师邀请赛不仅为世界各地从事文化创意设计的人士提供良好的展示平台，并且推崇求变创新的开拓精神，发掘优秀的设计人才和作品，激励年轻设计师积极向前发展，真正推动了设计行业的发展。

今次承蒙评审的认可，受邀参加作品展及入编作品集，并授予我"国际设计大师奖"的殊荣，甚感荣幸。我一直都相信"设计无界限"（Design Without Limits），做设计应当不断寻求突破，才可以打破地域及设计领域的界限，超越自己，帮助大众完善生活质素。日后我会继续为大家带来更多更好的设计，也祝愿澳门国际设计联展一年更比一年好，引领中国设计冲出亚洲、走向世界！

梁志天

Designers including me are fortunate and have encountered many opportunities over the decades thanks to the economic reform and development of China. We should consider how to share our own experience with young design talents after acquiring these fruitful achievements.

The "Golden Lotus" International Design Masters Tournament 2015 not only provides a platform for designers worldwide, but also promotes the originality and creativity of design and explores the outstanding design talents and works. It encourages the improvements of young designers to step forward and promotes the development of the design industry.

It's my honoured that my works are accredited by the judges and awarded the International Design Master Award. The organizer also invited me to participate in the exhibition and this publication. I believe in "Design Without Limits", designers should think outside the box with a brand new perspective, create innovative works and improve people's standard of living. I will continue to bring more fabulous designs to all of you and wish Macao International Design Exhibition a great success in the future, introducing Chinese design to the world.

澳门国际设计联展作为澳门国际贸易投资展览会（MIF）中文创板块中最重要的专题展之一，由澳门贸易投资促进局支持，澳门国际设计联合会（UIDM）、中国（澳门）综合发展研究中心与澳门文化传媒联合会共同举办，为促进亚洲及国际设计行业交流提供了广阔的平台，给予设计界精英向世界展示其创作的设计作品、与全球顶级设计大咖及设计精英面对面交流和学习的机会，是一场隐藏巨大潜在商业价值与行业资源相互结合的行业盛事。澳门国际设计联合会将在MIF在澳门举办的一年一届的最大规模展会平台上，凭借国内外各大媒体的宣传为企业提供足够的曝光量。

澳门国际设计联合会自成立以来，以推动澳门设计事业发展为前提，促进澳门与世界各地设计专业的交流与合作；举办各项关于设计创作类的展览、推广工作坊活动等；推动澳门地区对设计行业的关注；培养设计人才，并引领更多新生力量加入设计事业行列。作为国际性设计领域权威性学术社团，本会主要依托澳门中西文化交融国际性信息平台，凭借澳门特别行政区的独特优势，传递海外信息动态，连接两岸地区发展与世界交会的理念。立足粤港澳地区，辐射全国，并影响世界。最大限度地为会员创造条件，发挥会员创意与设计才能为澳门设计行业发展做贡献。并成为沟通澳门与内地及国际设计界的桥梁，为实现澳门设计行业的蓬勃发展做贡献。本会设立多个奖项为从事建筑设计、环境艺术设计、室内设计（含软装）等的优秀设计师进行颁奖以示鼓励，为企业及个人树立品牌形象，提升品牌国际影响力。

2015'澳门国际设计联展特设有"设计中国"杰出贡献奖作品展专区、"金莲花"杯国际设计大师邀请赛作品展专区、"金莲花"杯国际（澳门）大学生设计大赛获奖作品联展专区、扎哈·哈迪德、阿尔巴洛·西萨与卡洛斯·卡斯塔涅拉设计作品展专区、澳门国际设计联合会与澳门RYB国际·三原色设计机构形象馆、十师+私·香港精神专区展与广州迪谱公司《和谐之门》模型展、湛江设计力量作品展专区、中国建筑装饰行业百佳企业创新奖作品展。

《第二届"金莲花"杯国际设计大师邀请赛获奖作品集》收录了全球顶尖级设计大咖及设计精英在2015'澳门国际设计联展比赛期间脱颖而出的优秀作品，结合了最新的设计元素，涉及建筑·景观·规划类、建筑·景观方案类、酒店空间类、家居空间类、办公空间类、公共空间类、商业空间类、其他空间方案类等设计方面。它们分别运用丰富的艺术形式和独特的设计理念传达了不同的设计思维、社会需求和艺术创意。相信读者们可以通过作品集了解不同文化、思维方式下的设计风格，了解大咖们最新作品，极大地开阔读者的视野，极具参考价值。

《第二届"金莲花"杯国际设计大师邀请赛获奖作品集》在成书过程中收到了许多来自同行设计师们的宝贵建议及意见，我们致以最衷心的感谢。设计艺术源自生活而高于生活，本书收录了优秀设计师们在设计道路上最新的代表作品，同时全方面还原2015'澳门国际设计联展展会盛况，是设计作品集全新的展示方式，愿能为国内外设计与品牌争取到更大的交流与发展空间。

Macao International Design Exhibition is one of the Macao International Trade and Investment Fair's (MIF) important thematic exhibitions in Chinese section. It is supported by the Macao Trade and Investment Promotion Institute (IPIM), and jointly organized by Union for International Design of Macao (UDIM), The Research Centre for Comprehensive Development of China (Macao) and Union for Culture Media Communication of Macao. To provide a broad exchange platform for Asia and international design industry, to give a chance for design elites to show their creative design works. MIF is an industry event with high potential to combine commercial value and industry resources. UIDM will hold MIF in Macao yearly, and as a largest design exhibition, there are lots of media campaigns to raise the exposure for the company.

Union for International Design of Macao is aimed to promote the development of Macao Design industry, and encourage the idea exchange and cooperation between Macao and worldwide designers. To increase Macao design industry's attractiveness by organizing various exhibitions on creative designs, workshops promotion activities; to cultivate design talents for leading more new emerging forces in designer industry. As an international design authoritative academic community, UIDM is mainly relied on the international information platform of Macao's Chinese and Western cultures, by virtue of the unique advantages of the MSAR, to convey overseas information, to connect the regional development with worldwide concept. UIDM sets up a number of awards in the architectural design, environmental design, interior design (with software installed) for outstanding designers to show encouragement and for enterprises and individuals to establish a brand image, enhance the brand international influence.

In Macao International Design Exhibition 2015, there are "Chinese Design" – the Outstanding Contribution Award exhibition area, "Golden Lotus" – the International Design Masters Invitational exhibition area, "Golden Lotus" International (Macao) Students Design Contest exhibition area, Zaha Hadid, Ivaro Siza and Carlos Castanheira's Design exhibition area, the Union for International Design of Macao co-host with Macao RYB Image Design exhibition area, etc.

All of the world's top-level designs are collected in "Awards - 2nd Golden Lotus International Design Invitational Tournament Winning Collection" . The collection is combined with the latest design projects, including architecture, landscape and planning category, architecture and landscape program category, hotel space, home space, office space, public space, commercial space, and other space programs, etc. They are using rich art forms and unique design concept to convey different design thinking, social needs and creative arts. I believe that readers can learn through the portfolio about different cultures, design modes, design modes, understanding the latest good works, which greatly broaden the reader's horizon, of great reference value.

When we were preparing the "Awards - 2nd Golden Lotus International Design Invitational Tournament Winning Collection" , we received many valuable suggestions and comments from fellow designers, to whom we extend our most heartfelt thanks. Design art from life than life. This book is a collection of outstanding designers' works and the show of Macao International Design Exhibition 2015. We hope this kind of new presentation for design will strive for greater communication and development.

FU JUN

澳门国际设计联合会会长　　符 军
澳门国际设计联展组委会主席　Fu Jun
The president of UIDM
The chairman of Organizing Committee of MIDE

20th MIF

澳门国际设计联展
Macao International Design Exhibition

第二届"金莲花"杯国际设计大师邀请赛
2nd Golden Lotus International Design Invitational Tournament

暨首届"金莲花"杯国际（澳门）大学生设计大赛
Golden Lotus International Design Competition for Students — Winners Exhibition

时间：10月22日-25日
Held on : October 22 to 25

地点：澳门威尼斯人金光会展中心
Place : At the Venetian Macao — resort hotel,exhibition center

澳门国际
设计联展
Macao
International
Design
Exhibition

主办机构
ORGANIZERS
澳门国际设计联合会
Union for International Design of Macao
荔州文化传媒科会合

支持机构
SUPPORTERS
IPIM 澳门贸易投资促进局
Macao Trade and Investment Promotion Institute
中国室内装饰协会
Chinese interior decoration association

承办机构
ORGANIZER
RYB 澳门RYB国际三原色设计机构
Macao RYB INTERNATIONAL DESIGN INSTITUTE

粤港澳会展集团
澳门商报
Macao Commercial Post

澳门国际设计联展是由澳门国际设计联合会主办的国际设计及文创产业交流盛事。澳门国际设计联展发挥澳门中西文化结合的特色，汇集了中国、新加坡、葡萄牙、英国等国家及地区的建筑、室内设计作品，为促进亚洲及国际设计行业交流提供了广阔的平台；给予设计界精英向世界展示其创作的设计作品、与全球顶尖级设计大咖及设计精英面对面交流和学习的机会，是一场隐藏巨大的潜在商业价值与行业资源相互结合的行业盛事。

本届澳门国际设计联展内容包含：

1. "设计中国"杰出贡献奖作品展
2. "金莲花"杯国际设计大师邀请赛作品展
3. "金莲花"杯国际（澳门）大学生设计大赛获奖作品联展
4. 扎哈·哈迪德、阿尔巴洛·西萨与卡洛斯·卡斯塔涅拉设计作品专区展
5. 澳门国际设计联合会与澳门RYB国际·三原色设计机构形象馆
6. 十师+私·香港精神专区展与广州迪谱公司《和谐之门》模型展

联展期间主办方特邀国际顶尖设计大咖：扎哈·哈迪德、阿尔巴洛·西萨、张锦秋、何镜堂、崔愷、马若龙、刘秀成、黎明、梁志天、林学明等莅临澳门共同参与，举办多场"国际设计高峰论坛"、"国际设计师之夜"颁奖宴会及"澳门文化观光之旅"等交流活动，备受澳门地区、葡萄牙语国家和地区等地的国际企业及行业内协会的关注。

澳门国际设计联合会日后将延续每年举办澳门国际设计联展，凭借国内外各大媒体的宣传为企业提供足够的曝光量，并将设立多个奖项，包括"设计中国"杰出贡献奖、"金莲花"杯国际设计大师奖，同时还将为建筑设计、环境艺术设计、室内设计（含软装）等优秀设计作品进行颁奖以示鼓励，为企业及个人树立品牌形象，提升品牌国际影响力。

目录
CONTENTS

MACAO
澳门国际设计联展
INTERNATIONAL
DESIGN EXHIBITION

第二届"金莲花"杯国际
设计大师邀请赛
"设计中国"杰出贡献奖获奖作品

金莲花
Golden Lotus

第二届"金莲花"杯国际
设计大师邀请赛
国际设计大师奖获奖作品

获奖名录

"设计中国"杰出贡献奖

扎哈·哈迪德

阿尔巴洛·西萨

何镜堂

张锦秋

国际设计大师奖

马若龙

刘秀成

崔愷

梁志天

黎明

林学明

马清运

邱春瑞

扎哈・哈迪德
(Zaha Hadid)

Macau Melco Crown Ho
Macau, Chi

Macau Melco Crown Hotel
Macau, China

Macau Melco Crown Hotel
Macau, China

Macau Melco Crown Hotel
Macau, China

扎哈·哈迪德（Zaha Hadid），作为扎哈·哈迪德建筑师事务所的创始人，曾于2004年荣获被誉为建筑界诺贝尔奖的普利兹克建筑奖。她的建筑理论与学说举世闻名。哈迪德笔下每个富有动感与创新性的项目都源自她三十多年来的革命性探索与对城市生活、建筑以及设计关系的深入研究。

哈迪德于1950年出生于伊拉克首都巴格达。她曾在美国贝鲁特大学（American University of Beirut）学习数学。1972年之后，她移居伦敦，进入建筑联盟协会深造，并于1977年取得建筑学学士学位。1980年，她创建了扎哈·哈迪德建筑师事务所；1993年，她的首个建筑项目：位于德国莱茵河畔威尔的维特拉消防站顺利竣工。

哈迪德的设计兴趣在于探索建筑、景观与自然地势之间的相互结合，其作品把自然环境与人工系统融为一体，实验性地运用尖端建筑技术把前卫的设计意念变成现实。这种建筑手法往往会产生让人意想不到且充满活力的建筑形态。

位于意大利罗马的"MAXXI：二十一世纪艺术国家博物馆"，以及伦敦的2012奥林匹克水上中心是哈迪德赋予综合体建筑空间流动性特点的代表作。而她较早前极具影响力的作品，比如美国辛辛那提"罗森塔当代艺术中心"，也被认为是带有崭新空间概念和大胆视觉形式的设计，颠覆着人们对未来建筑的构想。

扎哈·哈迪德建筑师事务所一直引领全球建筑业界的开拓性研究与设计探讨。通过与众多领先业界的知名企业合作，事务所进一步丰富了其业务的多样性和知识，同时运用先进的技术以实现其流畅、动感与多元化结构的建筑意念。

目前，哈迪德正专注于多个国际建筑项目，包括："那不勒斯—阿夫拉戈拉高铁站"、在米兰Fiera的总体规划，以及在北京、毕尔巴鄂、伊斯坦布尔和新加坡等地的各大建筑主体策划和总规划设计项目。在中东地区，哈迪德的作品包括约旦、摩洛哥、阿塞拜疆、阿布扎比，以及沙特阿拉伯等国的"国家文化与研究中心"，以及新的"伊拉克中央银行"。

哈迪德在建筑行业的杰出贡献与成就不断得到了备受尊崇的机构的肯定与认同。她于2009年获得由日本艺术联盟颁发的著名的日本皇室世界文化奖（Praemium Imperiale），并于2010年和2011年，同时获得建筑界最高荣誉之———由英国皇家建筑师协会颁发的斯特林大奖（Stirling Prize）。其他最近的奖项包括：于联合国教科文组织巴黎总部的庆典上，被命名为"和平艺术家"；荣获法国艺术和文学勋章（Commandeur de l'Ordre des Arts et des Lettres），以褒扬其对建筑业的贡献；被《时代周刊》评选为全球百位最具影响力人物之一；在2012年，她被英国女王伊丽莎白二世授予荣誉女爵士的称号。

Zaha Hadid, founder of Zaha Hadid Architects, was awarded the Pritzker Architecture Prize (considered to be the Nobel Prize of architecture) in 2004 and is internationally known for her built, theoretical and academic work. Each of her dynamic and innovative projects builds on over thirty years of revolutionary exploration and research in the interralted fields of urbanism, architecture and design.

Hadid's was born in Baghdad, Iraq in 1950. She studied mathematics at the American University of Beirut before moving to London in 1972 to attend the Architectural Association School where she was awarded the Diploma Prize in 1977. She founded Zaha Hadid Architects in the 1980s and completed her first building, the Vitra Fire Station in Weil am Rhein, Germany in 1993.

Hadid's interest lies in the rigorous interface between architecture, landscape, and geology as her practice integrates natural topography and human-made systems, leading to experimentation with cutting-edge technologies. Such a process often results in unexpected and dynamic architectural forms.

The MAXXI: National Museum of 21st Century Arts in Rome, Italy and the London Aquatics Centre for the 2012 Olympic Games are excellent demonstrations of Hadid's quest for complex space. Previous seminal buildings such as the Rosental Center for Contemporary Art in Cincinnati and the Guangzhou Opera House in China have also been hailed as architecture that transforms our vision of the future with new spatial concepts and bold, visionary forms.

Zaha Hadid Architects continues to be a global leader in pioneering research and design investigation. Collaborations with corporations that lead their industries have advanced the practices diversity and knowledge, whilst the implementation of state-of-the-art technologies have aided the realization of fluid, dynamic and therefore complex architectural structures.

Hadid's outstanding contribution to the architectural profession continues to be acknowledged by the world's most respected institutions. She received the prestigious Praemium Imperiale from the Japan Art Association in 2009 and the Stirling Prize, one of architectures highest accolades, in both 2010 and 2011 from the Royal Institute of British Architects. Other recent awards include UNESCO naming Hadid as an Artist for Peace, the Republic of France honouring Hadid with the Commandeur de lOrdre des Arts et des Lettres in recognition of her services to architecture, TIME magazine included her in their list of the 100 Most Influential People in the World and in 2012, she received the title of Dame Commander of the Order of the British Empire from Queen Elizabeth II.

Heydar Aliyev Centre
Baku, Azerbaijan

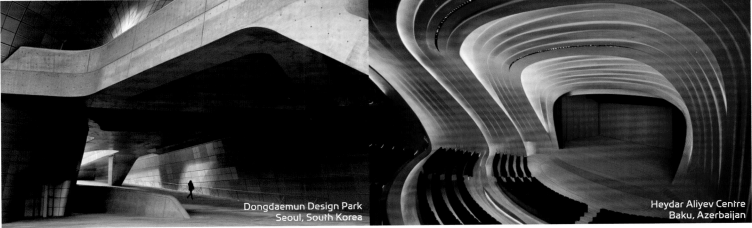

Dongdaemun Design Park
Seoul, South Korea

Heydar Aliyev Centre
Baku, Azerbaijan

Dongdaemun Design Park
Seoul, South Korea

Wangjing SOHO
Beijing, China

Wangjing SOHO
Beijing, China

Wangjing SOHO
Beijing, China

Beijing New Airport
Beijing, China

Meixihu Culture Center
Changsha, China

Lingkong SOHO
Shanghai, China

Jockey Club Innovation Tower
Hong Kong, China

Jockey Club Innovation Tower
Hong Kong, China

Leeza SOHO
Beijing, China

Leeza SOHO
Beijing, China

阿尔巴洛・西萨
（Álvaro Siza）

卡洛斯・卡斯塔涅拉
（Carlos Castanheira）

Álvaro Siza, Matosinhos, Portugal, June 1933.
Studied architecture at the Fine Arts School of Porto between 1949 and 1955, and the first project in 1954.
Collaborator of Prof. Fernando Tavora between 1955 and 1958. He taught at ESBAP between 1966 and 1969; rejoined in 1976 as Assistant Professor of "Construction".
Visiting Professor at the Polytechnic School of Lausanne, the University of Pennsylvania in Los Andes School in Bogota, Graduate School of Design of Harvard University as Kenzo Tange Visiting Professor taught at the Architecture Faculty of Porto.
Works in Porto city.
Invited to participate in international competitions, won first place in Schlesisches Tor, Kreuzberg, Berlin (already built), the recovery of Campo di Marte, Venice (1985), in Renovation and Expansion of Casino and Restaurant Winkler, Salzburg (1986); Cultural Center of La Defense in Madrid (with José Paulo Santos) (1988/89); J. Paul Getty Museum, Malibu, California (with Peter Testa) (1993); Study for the Office of the Pietà Rondanini, Castello Sforzesco, Milan (1999); Special Plan Recoletos-Prado, Madrid (with Juan Miguel Hernandez and Carlos Leon Riaño) (2002); Toledo Hospital, Coruca (Taller de Arquitectura Sánchez-Horneros) (2003); Ciudad del Flamenco Sherry de la Frontera (with Juan Miguel Hernandez Leon) (2003); Atrio of the Alhambra, Granada (with Juan Domingo Santos) and Competition of ideas for the realization of the " Città della Musica and dell'Arte "and " Parco delle Cave "(2010).The Portuguese of the International Association of Art Critics Chamber awarded him the architecture of the Year Award (1982). In 1988 received the Architecture Gold Medal of the Supreme Council of the Madrid Architects College, the Gold Medal of the Alvar Aalto Foundation, the Prince of Wales Prize from Harvard University and the European Prize for Architecture Commission of the European Communities / Mies van der Rohe Foundation . In 1992 was awarded the Pritzker Prize by the Hyatt Foundation of Chicago for his whole work. In 1995, the Gold Medal awarded by the Nara World Architecture Exposition. In 1996, received the Secil Prize for Architecture. In 1998, received the Arnold W. Brunner Memorial Prize by the American Academy of Arts and Letters, New York; Praemium Imperiale by the Japan Art Association, Tokyo, and the Gold Medal of the Circulo de Bellas Artes in Madrid. In 2000, the Fondazione Frate Sole, Pavia, awarded with the Premio Internazionale di Architettura Cross. In 2001, received the Award of Arts by Wolf Foundation in Israel. In 2002, received the Golden Lion in Venice (best project) by the Venice Biennale. In 2004, received the Grand Prix Urbanism 2005 by the Ministère de l'Équipement des Transports de l'Aménagement du Territoire du Tourisme et de la Mer de Paris; the Architecture Award of Granada by Granada Architects College. In 2009, received the Medal of Royal Gold 2009 by the Royal Institute of British Architects in London. In 2010, received the Award Fundación Cristóbal Gabarrón - Arts 2010. In 2011, received the Gold Medal of the UIA in Tokyo. In 2012, received the Honorary Award AR & PA 2012 by Consejeria of Tourism and Culture of the Junta de Castilla y Leon Valladolid. In 2014, received the MCHAP Award, the Illinois Institute of Technology College of Architecture in Chicago.

Carlos Castanheira, Lisbon,Portugal, June 1957.
Graduated in Architecture from the School of Fine Arts in Porto (1976-1981).
Lived in Amsterdam from 1981 to 1990 where he worked as an Architect and studied at the Academie voor Bouwkunst van Amsterdam.
In 1993 he founded the practice Carlos Castanheira & Clara Bastai, Arquitectos Ld€ with the Architect Maria Clara Bastai.
Working mainly in the private sector, he has acted as juror on competition panels, participated in conferences, has been involved in setting up Architectural education courses and workshops, has curated and organized exhibitions, and has edited and published books and catalogues.
Since he was a student he has been collaborating with the Architect Álvaro Siza in various projects in Portugal but principally abroad.

. Prize for Timber Construction 2005 - AIMMP
. National Prize for Architecture in Timber 2011 – AFN/MA
. Best Wine of Tourism 2015 – Regional winner in Architecture and Landscape
. Winner of the Archdaily International Award Building of the year 2015 in the category Office Building with the project "Building on the Water – Shihlien Chemical" , co-authored with Architect Álvaro Siza.

阿尔巴洛・西萨
（Álvaro Siza）

阿尔巴洛・西萨合伙人

卡洛斯・卡斯塔涅拉
（Carlos Castanheira）

AMORE PACIFIC R&D - GUEST HOUSE

Yongin AmorePacific Campus . Gyeonggi-do . Korea . 2007-2013

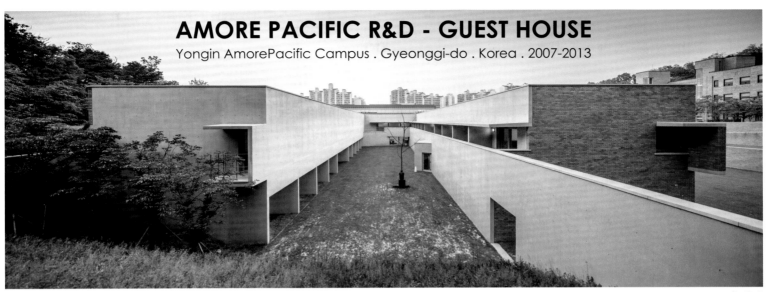

THE BUILDING ON THE WATER - SHIHLIEN CHEMICAL

Huai'an City . Jiangsu Province . China . 2010-2014

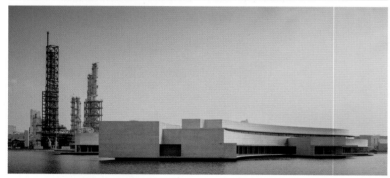

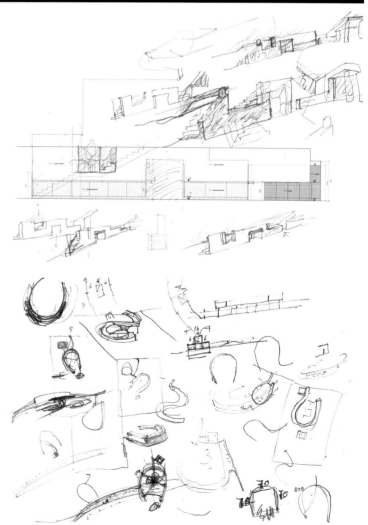

THE BUILDING ON THE WATER - SHIHLIEN CHEMICAL

Huai'an City . Jiangsu Province . China . 2010-2014

CLUB HOUSE - TAIFONG GOLF CLUB
Chang Hua County . Taiwan . China . 2010-2014

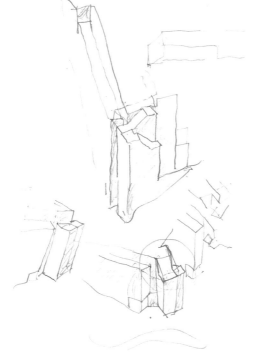

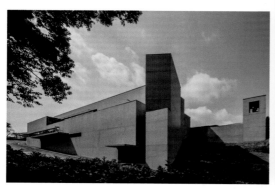

MIMESIS MUSEUM

Paju Book City . Korea . 2006-2009

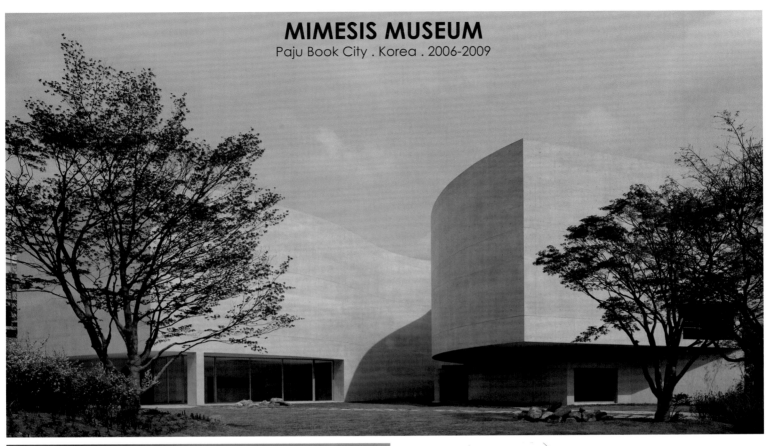

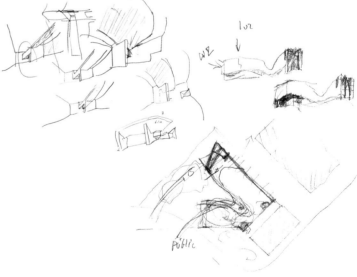

何镜堂

1938年4月	出生于广东省东莞市
1951年	毕业于华南工学院（现华南理工大学）建筑学专业 本科
1965年	毕业于华南工学院民用建筑专业　硕士
1965—1983年	先后于华南工学院、湖北省建筑设计院、
	北京轻工业部设计院从事建筑设计
1983年至今	工作于华南理工大学
1994年	获"中国工程设计大师"称号
1999年	当选为中国工程院院士
2001年	获国家首届"梁思成建筑奖"
2015年	获2015'澳门国际设计联展第二届"金莲花"杯国际设计大师邀请赛"设计中国"杰出贡献奖

中国建筑学会副理事长

华南理工大学建筑学院院长、教授、博士生导师

华南理工大学建筑设计研究院院长、总建筑师

国家教育建筑专家委员会主任

亚热带建筑科学国家重点实验室学术委员会主任

澳门国际设计联合会永远荣誉会长

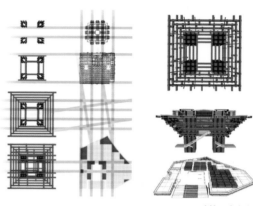

建筑形式生成

上海世博会中国馆

侵华日军南京大屠杀遇难同胞纪念馆

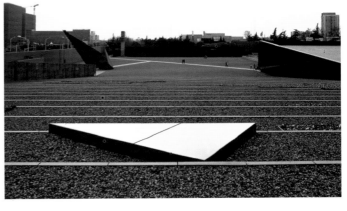

横琴岛——澳门大学新校区

横琴岛——澳门大学新校区

张锦秋

生于四川成都，祖籍四川荣县，教授级高级建筑师

1954—1960年 清华大学建筑系毕业

1962—1964年 被选为清华大学建筑系建筑历史和理论研究生，师从梁思成、莫宗江教授

1966年至今 中国建筑西北设计研究院 总建筑师

其间，主持设计了许多有影响的工程项目

多年来，她的设计思想始终坚持探索建筑传统与现代相结合，其作品具有鲜明的地域特色，并注重将规划、建筑、园林融为一体

1994年 当选为中国工程院首批院士

澳门国际设计联合会永远荣誉会长

2015年 荣获2015'澳门国际设计联展第二届"金莲花"杯国际设计大师邀请赛"设计中国"杰出贡献奖

西安 大唐芙蓉园

西安 大唐芙蓉园

西安　黄帝陵祭祀大殿

西安 天人长安塔

马若龙

马若龙（Carlos Marreiros）以其优秀及极具创意的作品成为国际知名的建筑师、城市规划师、设计师及艺术家。出生于中国澳门，曾就读于中国澳门、葡萄牙、德国及瑞典，1983年返回澳门工作。他经常应邀于欧洲、美国及亚洲的美术馆及大学参展及演讲。他是一名大学教授及社会活动家并服务于多个民间组织及政府委员会。于1989年至1992年期间担任澳门文化司署司长，曾获澳门总督颁授文化功绩勋章；澳门总督颁授澳门政府最高荣誉——英勇勋章；葡萄牙总统颁授——葡萄牙共和国大爵士勋章；以及澳门特别行政区行政长官颁授——专业功绩勋章。澳门国际设计联合会荣誉会长，并荣获2015'澳门国际设计联展第二届"金莲花"杯国际设计大师邀请赛国际设计大师奖。

马若龙是MAA马若龙建筑师事务所有限公司和澳门仁慈堂婆仔屋文化创意产业空间的创办人、合伙人及总裁。

现为澳门建筑师协会资深委员会主席及澳门建造商会名誉会长。

作为一位艺术家，他曾于世界各地举办了24场个展并参与60多场联展。他也曾为15位作家及60多本中文、葡文、英文书籍绘画插图。

2010年上海世界博览会·澳门馆

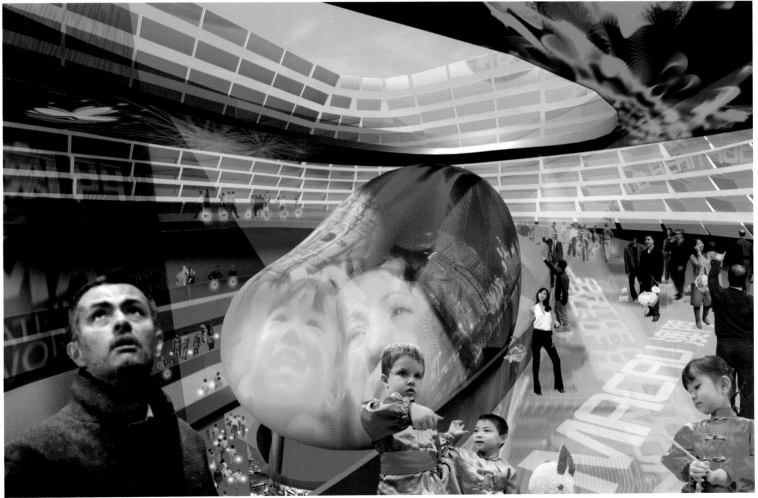

塔石广场及文创活动中心

位于澳门望德堂区，原址为塔石球场，是澳门四大广场之一，是澳门具文化特色的新地标和主要的旅游点。塔石广场占地13000多平方米，地上广场地图全铺上葡式碎石，分别设有休憩区、饮食及娱乐中心和地库商场。

葡文学校

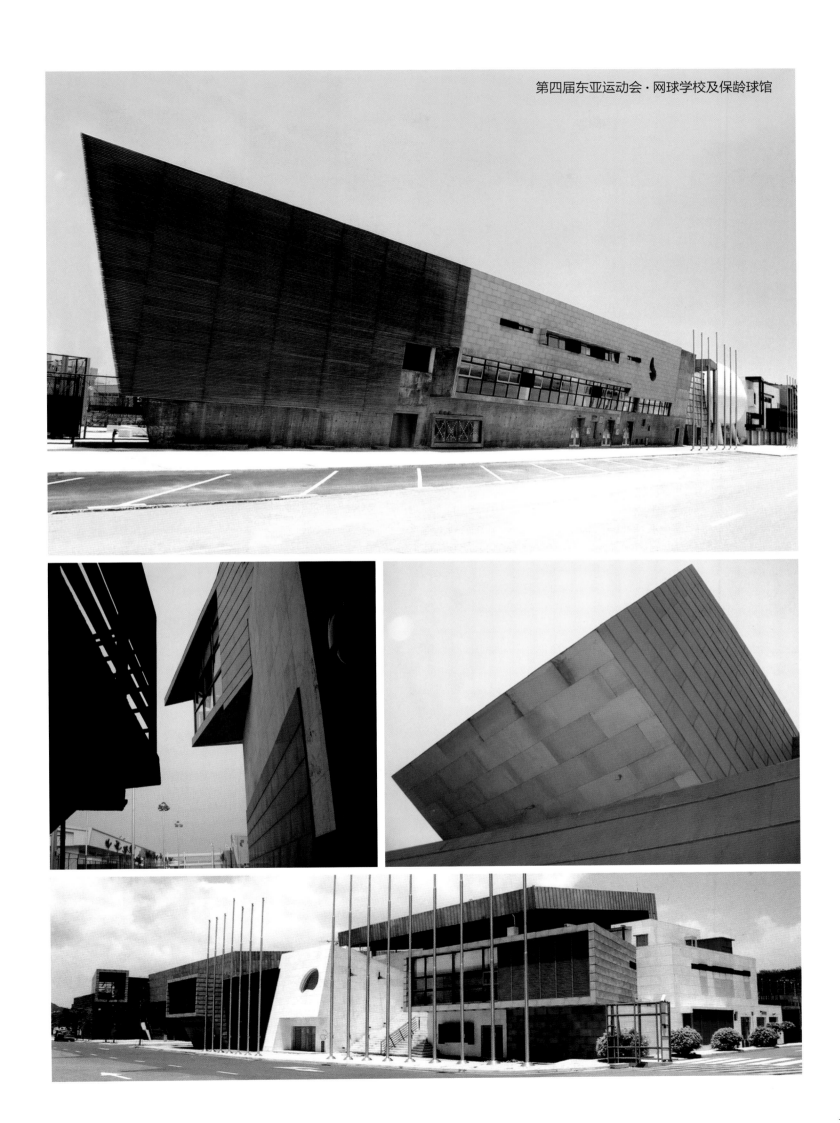

刘秀成

刘秀成（Patrick Lau）是著名建筑学家，1973年至2004年，在香港大学建筑系任教，1996年至2000年任建筑系系主任，是在任时间最长的大学权杖员。除热衷教学外，他还参与许多建筑设计比赛，屡获奖项。香港特别行政区前立法会议员，担任香港贸易发展局基建发展咨询委员会主席等多项公职，以其专业回馈社会。

荣誉

香港注册建筑师

香港建筑师学会原会长

加拿大英属哥伦比亚省建筑学会会员

加拿大皇家建筑师学会永远会员

香港建筑师学会资深会员

1984年 获香港十大杰出青年

2000年 获政府颁授银紫荆星章

2004年 获非官守太平绅士

2015年 获2015'澳门国际设计联展第二届"金莲花"杯国际设计大师邀请赛国际设计大师奖

HongKong International School

French International School

West Island School

HK Baptist University Pedestrian Entrance

HKU SPACE Community College

Learning Resources Centre
Institute of Vocational Education(Shatin)

崔 愷

1957生于北京，1984毕业于天津大学建筑系，获硕士学位。

现任中国建筑设计院有限公司名誉院长、总建筑师，中国工程院院士，国家勘察设计大师，本土设计研究中心主任。

曾获得"全国优秀科技工程者"（1997）、"国务院特殊津贴专家"（1998）、"国家人事部有突出贡献的中青年专家"（1999）、"国家百、千、万人工程"人选（1999）、"法国文学与艺术骑士勋章"（2003）、"梁思成建筑奖"（2007）等荣誉。

作为中国建筑学会常务理事、天津大学教授、清华大学双聘教授、中国科学院大学教授和多家专业杂志编委来推动学术研究。

所主持的工程项目获得国家优秀工程设计金奖1项，银奖9项，铜奖5项；获得亚洲建协金奖2项，提名奖1项；中国建筑学会建筑创作奖金奖3项，银奖6项；WAACA中国建筑奖WA城市贡献优胜奖等专业设计奖项。

受邀参加巴黎"中国建筑展"（1996）、意大利"威尼斯双年展第八届国际建筑展"（2003）、台北"城市谣言——华人建筑展"（2004）、首届深圳建筑双年展（2005）、伦敦"创意中国"展（2008）、巴黎"中国当代建筑展"（2008）、纽约"中国本土建筑展"（2008）、布鲁塞尔"心造——中国当代建筑前沿展"（2009）、烟台-成都"另一个，同一个——中国当代建筑的断面"建筑作品展（2010）、北京"重生——汶川震后重建作品展"（2010）、"中而新"——国际建协2011东京大会中国展（2011）、香港"2011—2012香港深圳城市 \ 建筑双城双年展"（2012）、"从北京到伦敦"——当代中国建筑展（2012）、西岸2013建筑与当代艺术双年展——2000—2013中国当代建筑回顾展（2013），并在天津及深圳举办"本土设计——崔愷建筑作品展"（2010）、在北京举办"十年·耕耘——崔愷工作室十周年建筑创作展"（2013），与《世界建筑》杂志共同举办"崔愷作品巡展"（2013），2014北京国际设计周"历史的建构——当代中国建筑展"（2014）；出版著作《工程报告》（2002）、《德胜尚城》（2006）、《本土设计》（2009）、《中间建筑》（2010）、《当代建筑师系列——崔愷》（2012）、《WA世界建筑》——崔愷专辑（2013）、《本土设计II》(2016)。

艺术家工坊

艺术家工坊

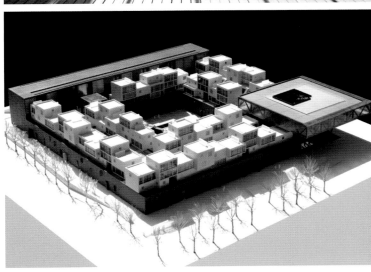

德胜尚城办公楼

底层平面图

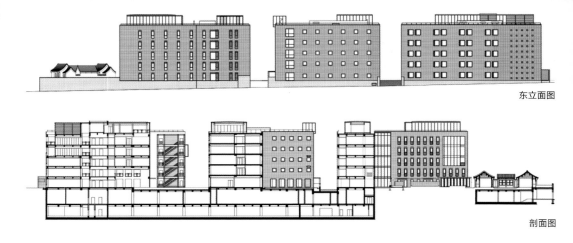

东立面图

剖面图

中信金陵酒店

中国驻南非大使馆

50

中国驻南非大使馆

梁志天

国际著名建筑、室内及产品设计师，梁志天于1957年出生于香港，以现代风格见称，善于将饶富亚洲文化及艺术的元素融入其设计中。

梁志天从事建筑及室内设计超过 30 年，于 1997 年创办梁志天设计师有限公司（SLD）。2015年，梁志天于被誉有室内设计奥斯卡的"安德鲁·马丁国际室内设计大奖"中问鼎"全球年度大奖"，更 13 度被甄选为全球著名室内设计师之一；同年梁志天被意大利设计杂志《INTERNI》甄选成为"2015 INTERNI 全球设计权力榜"全球最具影响力的 50 位设计师之一；获《福布斯》中文版"中国最具影响力设计师榜单"30 强；并获 2015'澳门国际设计联展第二届"金莲花"杯国际设计大师邀请赛国际设计大师奖。其作品更囊括超过 130 项国际和亚太区设计及企业奖项。

梁志天一向热心参与室内设计行业事务，现为国际室内建筑师／设计师联盟（IFI）候任主席、中国室内装饰协会设计专业委员会执行主任及香港大学专业进修学院客席教授，并于2014年与内地、香港、台湾多名室内设计师共同创立"深圳市创想公益基金会"兼担任理事会成员，积极推动设计工业及教育的发展。

梁志天 梁志天设计师有限公司 创办人及董事长

中国香港 天河

中国香港 迎海会所

迪拜 棕榈岛亚特兰蒂斯度假酒店元餐厅

迪拜 棕榈岛亚特兰蒂斯度假酒店元餐厅

中国香港 yoo Residence I

中国香港 yoo Residence II

黎 明

广州美术学院院长、教授，中国美术家协会理事，中国美术家协会雕塑艺委会委员，全国城市雕塑建设指导委员会艺术委员会委员，中国雕塑学会副会长，广东省环境艺术委员会副主任，广州市城市艺术委员会委员，澳门国际设计联合会荣誉会长。

黎明于1957年在湖南长沙出生，1998年毕业于广州美术学院，获硕士学位，留校任教。1999年至2000年赴欧洲游学，2000年担任广州美术学院副院长。2009年，其创作的大型纪念性雕塑《青年毛泽东》在长沙橘子洲落成，被誉为中国当代雕塑史上新的里程碑。代表作有：《天地间》入选第六届全国美展，获广东省美展优秀作品奖；《崛起》获第二届全国体育美展特等奖、广东省第四届鲁迅文艺奖，并被国际奥委会收藏；《时代》获广东省美展银奖；《圣火》获第三届中国体育美展铜奖，并被中国奥委会收藏；《龙脊》获广东省美展金奖、广东省首届宣传文化精品奖；《解放》获全国美展优秀作品奖、广东省美展铜奖。曾获广东省 "教书育人先进个人"、 "广东省优秀青年知识分子"、 "跨世纪之星"称号。并荣获2015'澳门国际设计联展第二届"金莲花"杯国际设计大师邀请赛国际设计大师奖。

坐落在长沙橘子洲的《青年毛泽东》

《青年毛泽东》的创作过程

《青年毛泽东》

《崛起》

《人墙》

《人与自然》

《解放》

《时代》

《龙脊》

《圣火》

林学明

广州集美组室内设计工程有限公司董事长 / 创意总监
著名设计师 / 当代艺术家 / 澳门国际设计联合会专业委员会主席

1984年创办集美组，被誉为中国设计行业领军人物。历年来获奖无数，获得中国室内设计十大年度人物、中国室内设计杰出成就奖、2015'澳门国际设计联展第二届"金莲花"杯国际设计大师邀请赛国际设计大师奖等多项殊荣。
作品及设计理念经常亮相于国际舞台：
2012年，家具作品《疏密对比》参展米兰国际设计周；
2013年，他应邀出席阿姆斯特丹世界室内设计师大会做《叛逆与传承》学术演讲；
2014年，家具作品《高背凳》、装置作品《天梯》参展米兰国际设计周；
2015年，家具《侘系列》参展米兰国际设计周；
2016年，家具《明馨》、《空竹》参展米兰国际设计周。
曾多次在加拿大，美国，新加坡，秘鲁，日本，中国台湾、北京、西安、广州及杭州等国家及地区举办个人绘画作品展览。
出版作品包括《林学明作品集》《不知天高地厚》等。

浙江·丽水·养生文化园

云南·丽江·束河十二院

云南·丽江·束河十二院

浙江·丽水·养生文化园

北京·谷泉会议中心

北京·谷泉会议中心

马清运

美国建筑师协会会员

黛拉及哈利·麦荣誉教席

美国南加州大学建筑学院院长

美国洛杉矶规划委员会委员

马达思班创始合伙人、主席兼设计总监

曾被评为"建筑先锋"、"欧亚建筑新趋势代表人"、"最具影响力的设计师"等。2001年，作为申奥城市规划陈述专家，参与了2008年北京奥运会的申办工作。2004年至2006年，策划了德国柏林Aedes建筑画廊主持的马达思班建筑作品欧洲巡展，分别在德国柏林、西班牙巴塞罗那、奥地利维也纳，以及英国曼彻斯特、伯明翰、伦敦巡回展出。2006年底，应邀出任美国南加州大学建筑学院院长，成了第一位在国外院校任职的华人院长，并于同年创建了美国中国学院（AAC）。2007年，受深圳市政府邀请，担任2007深圳·香港城市建筑双城双年展总策展人。该展会以"城市再生"的主题掀起了对建筑、规划的重新讨论。2007年和2008年连续两年受邀担任美国罗马学院奖评委。2009年至今，担任洛杉矶市长城市发展建筑设计顾问，并受加州迪士尼总部邀请，担任迪士尼上海项目顾问。2010年，被美国《商业周刊》评为全球"最具影响力的设计师"，是其中仅有的三个建筑师之一（另外两位是Rem Koolhaas、Zaha Hadid）。同年，受国际展览局之邀，担任中国2010年上海世博会最佳国家馆评奖委员会委员。2015年荣获2015'澳门国际设计联展第二届"金莲花"杯国际设计大师邀请赛国际设计大师奖。

西安玉山石柴——入选英国费顿出版，主题为21世纪"1000幢最有价值住宅"

光华路SOHO

西安广播电视中心

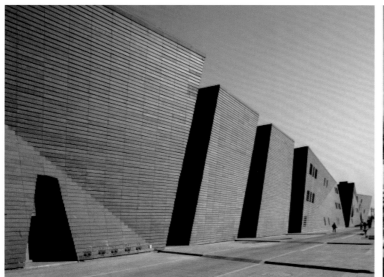

宁波老外滩街区改造
日本《SD》最佳历史保护奖

宁波联盛商业广场

朱家角行政中心

宁波南部核心商务区

邱春瑞

籍贯：中国台湾高雄市
头衔：高级室内建筑师、企业创始人、总设计师、澳门国际设计联合会专业委员会委员
公司：台湾大易国际设计事业有限公司　邱春瑞设计师事务所

邱春瑞，台湾著名室内建筑设计师，从事室内设计行业20余载，积累了丰富的商业地产设计方案经验以及营销策略。他的设计手法独树一帜，不拘泥于某一特定的设计风格或空间类型，有着深厚的中国文化底蕴与自己独到的见解和认识，对室内空间的造型和色彩把握游刃有余，极富创造力的思维让他的作品始终保持国际设计水平。善于将室内空间美学的最优化，提倡"室外环境就是最好的装修"，摒弃过多的装饰装修，尽可能地利用大自然给予的免费装修。始终坚持原创的设计精神，探索更多的设计可能性和可实施性。

"室内设计是建筑设计的延伸"，这是邱春瑞作为设计师始终坚持的创作理念。他认为，建筑设计师在设计的时候就应该要考虑到室内空间该如何用巧妙的手法和建筑统一起来，而室内和室外并不是两个独立的个体，这样才能符合审美需求。

荣获奖项

2009年 亚太室内设计精英奖

2013年 第二届无锡两岸室内设计师节——杰出设计师奖

2013年 第八届中国国际建筑装饰及设计博览会大奖——"2012—2013年度十大最具影响力设计师"

2014年 APDC亚太室内设计精英邀请赛金奖／杰出设计奖

2014—2015年 中国室内设计年度封面人物

2014年 金堂奖年度十佳样板间／售楼处设计和年度十佳休闲空间设计

2014年 A'Design Award & Competition 室内空间和展示设计类银奖

2014年 新加坡空间展示类获得者

2014年 英国 SBID International Design Awards

2014年 英国 FX International Interior Design Awards

2014年 德国 Red Dot Design Awards

2015年 上海"金外滩奖"最佳休闲娱乐空间奖和最佳售楼处空间奖（优秀）

2015年 iF Design Award

2015年 建筑新传媒奖年度室内设计

2015年 A'Design Award & Competition 室内建筑设计类铂金奖和银奖

2015年 荣获2015'澳门国际设计联展第二届"金莲花"杯国际设计大师邀请赛国际设计大师奖

广东·珠海莲邦广场艺术中心

广东 珠海莲邦广场艺术中心

广东 珠海莲邦广场艺术中心

江西 宜春江湖禅语销售中心

广东惠州中信紫苑・汤泉会馆

广东惠州中信紫苑·汤泉会馆

MACAO

澳门国际设计联展

INTERNATIONAL
DESIGN EXHIBITION

金莲花
Golden Lotus

第二届"金莲花"杯国际
设计大师邀请赛参展作品

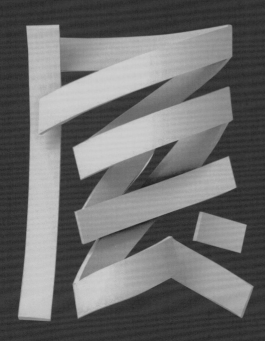

第二届"金莲花"杯国际设计大师邀请赛参展作品名录

符 军	王 河
谢 天	任清泉
倪 阳	罗 伟
钟 中	麦德斌
吴宗敏	王思思
李泰山	陈志斌
洪约瑟	汪 拓
陈德坚	单鸿斌
林伟而	卓江华
潘鸿彬	孙洪涛
姜 峰	刘 劲
洪忠轩	翁永军
陈厚夫	孙彦清
曾传杰	玛利亚·莫拉
王胜杰	保罗·莫雷拉
陈宏良	陈盛家
邹志雄	金 旺

符 军

高级环境艺术设计师/高级室内建筑师

澳门国际设计联合会会长

澳门国际设计联展组委会主席

澳门文化传媒联合会副会长

澳门RYB国际·三原色设计机构创始人兼CEO兼首席设计师

三原色建筑装饰设计院院长兼首席设计师

中国建筑学会室内设计分会理事兼三十（珠海）专业委员会主任

广东省土木建筑学会环境艺术专业委员会委员

珠海市室内设计协会荣誉会长

CIID与美国《室内设计》中文版评选为"2006年度中国室内设计十大封面人物"

CIID授予行业二十年"中国杰出设计师"称号

"全国百名优秀室内建筑师"称号

首届广东省装饰行业"功勋设计师"称号

全国建筑装饰优秀企业家荣誉称号及奖章

中国室内装饰协会授予"中国室内设计精英奖"

金羊奖——2008中国十大年度设计师

2014年澳门（两岸四地）室内设计大师邀请赛大师奖

2014年全国百佳设计综合典范人物类全国最具影响力设计师

2015年荣获葡萄牙TAROUCA市长Carlos Carvalho授予城市荣誉勋章

中外酒店（第七届）白金奖十大白金设计师

出版个人专业著作

《感悟空间——符军室内设计作品集》、《样板空间——符军作品》

荣获奖项

第十一届亚太区室内设计大赛荣誉大奖

全国第五届室内设计双年展金奖、铜奖

全国第八届室内设计双年展金奖、铜奖

第五届海峡两岸室内设计大赛金奖、铜奖

首届中国室内设计艺术观摩展最具创意设计奖

荣获2010年珠海市优秀规划勘察设计一等奖

广州亚运会开（闭）幕式主场馆

广州亚运会开（闭）幕式主场馆

酩樽汇·中国仁怀酱香酒文化会馆（深圳旗舰店）

茶 艺 区

广东 恩平城市综合体项目

广东 珠海鸿帆控股有限公司

谢 天

高级室内建筑师、高级工程师

中国美术学院副教授

中国美术学院国艺城市设计艺术研究院院长

浙江亚厦设计研究院院长

澳门国际设计联合会副会长

瑞士伯尔尼应用科学大学建筑可持续研究硕士

中国建筑装饰协会设计委员会副主任委员

中国饭店协会装修设计专业委员会专家委员

中国房地产业协会商业地产委员会研究员

广州白云路15号

广州白云路15号

倪 阳

同济大学建筑学博士

极尚集团创始人

中国建筑学会深圳室内专委（CIID）主任

深圳室内建筑设计行业协会（SIID）会长

中国装饰行业协会理事

中社协民营（事务所）深圳分会副会长

澳门国际设计联合会副会长

深圳市设计之都推广促进会理事

深圳市设计之都资深顾问

深圳市宣传文化实业发展专项基金评估专家

学术论文：联合国教科文组织设计之都巴黎学术交流《创意设计与可持续发展国际年会》发言

　　　　《永不落幕的城市舞台》——《时代建筑》

　　　　《环境设计与生态概念和当代文化背景之关系分析》——《亚太室内设计论文专刊》

　　　　《酒店设计的fusion——熔合》——《中国建筑装饰》

　　　　《设计师的文化体验》——《室内周刊》

　　　　《尊重地域文化、传承历史文脉》——《广东建设报》

　　　　《设计的可生长性》——《深圳装饰》

荣获奖项：荣获中国建筑协会"全国百名优秀建筑师"称号

　　　　荣获中国建筑装饰行业"资深室内建筑师"荣誉称号

　　　　金堂奖中国室内设计公共空间十佳奖

　　　　CIDA中国室内设计大奖

　　　　中国室内空间环境艺术大奖

　　　　十佳酒店室内设计师

21世纪美术馆

21世纪美术馆

万科中心（总部）

鄂尔多斯博物馆

中国平安总部

中国平安总部

钟 中

深圳大学建筑与城市规划学院副院长、副教授、硕士研究生导师。

深圳大学建筑设计研究院副总建筑师、Z&Z STUDIO工作室主持人、国家一级注册建筑师。

广东省土木建筑学会环艺专委会副秘书长、深圳市注册建筑师协会副秘书长。深圳市建设工程评标专家、深圳市建筑设计审查专家、深圳市建筑专业高级职称评委、澳门国际设计联合会专业委员会委员。

2013年中国建筑学会第九届青年建筑师奖、2011年深圳市勘察设计行业第三届十佳青年建筑师、2013年深圳市第二届优秀注册建筑师、2015年深圳市第三届优秀项目负责人。

建筑作品分布全国20多个城市，历年来主持了50多项国家和省市级重大工程项目设计，包括深圳市社会福利中心一期、深圳光明新区凤凰学校、深圳罗岗消防站、深圳市海普瑞生物医药研发制造基地一期、肇庆华南智慧城7区、广东韶关新天地广场、深圳宝安大浪街道办行政服务中心、深圳实验学校小学部、广西工学院科教中心、常州万泽酒店、海口城市海岸、昆明时代广场等项目，合作或参与了深圳百仕达红树西岸、宁波新闻文化中心、深圳市盐田区行政文化中心、北京国家大剧院（竞赛）、深圳万科四季花城、上海万科四季花城、武汉万科四季花城等项目。曾与荷兰UNstudio、美国ARQ、法国JFA、英国Haskoll等事务所，以及马达思班、泛亚易道等境内外设计机构进行过广泛的设计合作。曾获得包括中国建筑学会建筑创作佳作奖、广东省优秀建筑创作奖、深圳市首届优秀建筑创作奖金奖等在内的各类省市级设计奖项20多项。先后撰写学术论文近20篇，分别发表在《建筑学报》、《建筑科学》等国家核心期刊及《新建筑》、《华中建筑》、《南方建筑》、《城市建筑》、《建筑技艺》、《住区》等省市级建筑专业重要期刊。近年来多次赴欧洲、北美、澳洲，进行专业建筑考察和广泛的技术针对性研究。

深圳实验学校小学部

广西工学院科教中心

深圳市社会福利中心

深圳宝安大浪街道办行政服务中心

深圳市海普瑞生物医药研发制造基地项目（一期）

常州万泽大厦

105

深圳罗岗消防站

海口城市海岸

肇庆华南智慧城7区商业街

广东韶关新天地广场

吴宗敏

学术荣誉：

广州大学美术与设计学院副院长、教授、硕士生导师；广东省集美设计工程公司总设计师；广东省重大决策咨询专家库专家；广东省陈设艺术协会会长；中国建筑装饰协会设计委员会委员；中国室内装饰协会设计专业委员会委员；澳门国际设计联合会专业委员会委员；全国有成就的资深室内建筑师；广东省装饰行业功勋设计师；广东省陶瓷艺术大师；中国十大餐厅空间设计师；中国酒店设计领军人物。
2013—2014年举办《田园设计在中国》"吴宗敏陶瓷艺术全国巡回展"及《陈设艺术与艺术陈设》学术讲座系列活动，在全国各高校及各种专业团体开展专题学术讲座和学术交流活动达近百场。

编写出版：

《搜索·全球最新顶级酒店》、《软装实战指南》、《国际风格餐厅》、《室内设计》等著作及教材12本，发表学术论文26篇，发表设计作品达200多项，设计作品获得国家级奖25项，获省(部)级奖50多项。

广东新会陈皮村大型主题商业综合体

酩悦轩尼诗文君会馆

三亚亚龙湾瑞吉度假酒店(白金五星级)

李泰山

广州美术学院教授、硕士研究生导师
广州美术学院城市学院学术委员会主任
中国美术家协会会员
澳门国际设计联合会专业委员会委员

主要研究方向
建筑与环境艺术空间功能与形态设计研究
空间形式与风格设计研究
岭南派空间设计形式与风格研究
空间设计水墨效果图表现研究
空间陈设设计研究
空间构成设计研究

主要业绩
由中国美术出版社、中国轻工出版社、广西美术出版社出版4部专著
由《美术研究》、《美术观察》、《美术学报》等杂志发表20余篇论文
完成30多项空间创意设计工程
获得《为中国设计大赛》3项优秀论文奖、获得中国环艺学年奖6项最佳指导老师奖
指导学生在中国环艺设计学年奖、中国高校景观设计大赛、
中国海峡两岸四地设计等大赛中获得金、银、铜及优秀奖共40多项

广东YJ公司办公空间创意设计
广东YJ公司是美国华特迪士尼·米奇卡通系列、公主系列、nmbc系列皮具、
服饰、化妆品、内衣等产品的亚太地区授权商。
广东YJ公司办公楼空间设计以全球最具娱乐价值的经典卡通人物——米奇为
主要设计元素，开创在国际市场上独特的"中国岭南米奇"主题形象意念。

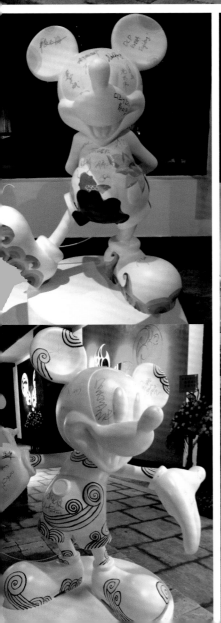

广东YJ公司办公空间创意设计

广东YJ公司办公空间创意设计

洪约瑟

洪约瑟（Joseph Sy），1951年生于菲律宾马尼拉，在当地成长并接受教育，在马尼拉的一所大学修读建筑，一向成绩优秀的他，曾在1972和1973年连续两年系比赛中取得殊荣。1972年代表学校参加国际设计比赛时获颁十大杰出学生的殊荣。1973年在当地圣托马斯大学获得建筑学学士学位。

自1988年成立Joseph Sy & Associate Ltd.后，屡获奖项，包括1998年的APIDA Awards商业组别冠军、同年的HKDA Awards住宅组别的卓越奖及商业组别的金奖等。他由一位年轻的建筑系毕业生，成长为香港知名的室内设计师；他的勤奋、努力是成功的根本。洪约瑟的设计屡次在世界及亚太地区大赛中获奖，1999—2003年获得有室内设计奥斯卡之称的安德鲁·马丁奖。洪约瑟多年来不断追寻更富挑战性的工程，替它们拟定设计装潢计划，在香港堪称首屈一指的设计顾问之一。

近年，他又以中国香港为基地，在中国深圳和菲律宾设有工作室，设计项目遍及亚太地区。

纵观他的工程档案，种类多样，项目繁多，除了替不少著名商业公司设计办公室、餐厅、俱乐部的室内装潢以外，亦曾替私人住宅构思布局。凭着丰富的设计经验以及自身的天分，融入他那匠心独运的设计意念，往往创造出不少出色的作品，无怪乎备受行内人士垂青，并获奖无数，包括在1995年荣获HKDA的设计师奖及APIDA大奖，而他的2个住宅设计更荣获1997年APIDA所颁发的优秀设计奖。因此，洪约瑟的作品广受赞誉，其独特的设计风格就更是备受肯定。

洪约瑟积累了40多年的丰富的设计经验，但是他仍然孜孜不倦地学习、工作。挑战不同的空间设计，给客人带来不同的惊喜。更难能可贵的是他乐意利用在各种不同的讲坛、论坛、设计沙龙等交流空间和年轻的设计师分享他的设计经验，让更多人分享他的设计快乐。现任清华大学室内设计研究生班高级讲师、TOP软装饰设计讲堂特邀讲师、江西美术专修学院客座讲师等。

大连 渔人码头

大连 渔人码头

中国香港 港福堂

菲律宾 新港城表演艺术剧院

陈德坚

德坚设计（Kinney Chan & Associates）于1995年成立，为酒店、酒吧、餐厅、住宅、商业店铺和企业办公室等提供广泛而多元化的室内设计和项目管理服务。

一直以来"创造力和原创性"是鞭策KCA不断锐意求新的动力来源。KCA的设计师团队都是勇于尝试和充满革新意念的，他们视室内设计为一种真正的艺术形式，而不仅仅是室内和室外的空间规划和物料的配搭。

陈德坚毕业于英国德蒙福特大学的室内设计系，持有文学学士学位。在香港成立KCA之前，他曾经在多家国际知名的设计公司工作。

他曾任香港室内设计协会会长和香港设计中心董事之职，在任期间致力提高公众对室内设计文化，以及对香港创意产业发展的关注。

陈德坚曾赢取多个国际性奖项，包括荣获2015意大利A' Design Award，2009及2014年获得德国"iF传达设计大奖"，2014年获得日本JCD大赛银奖，2013年获得美国室内设计大赛银奖及Gold Key Award，2012年美国室内设计最佳设计奖及2012年香港十大杰出设计师大奖，2001年获得"亚太区室内设计大赛大奖"，并几度荣获素有室内设计奥斯卡之称的安德鲁·马丁国际室内设计大奖。

中国香港 海玥餐厅

中国香港 海玥餐厅

蒸包

STEAMING BUN

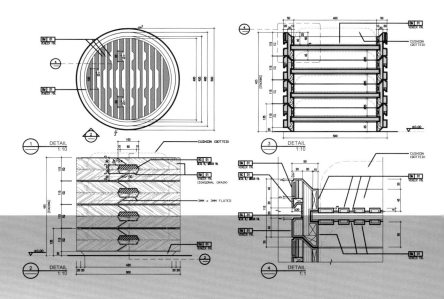

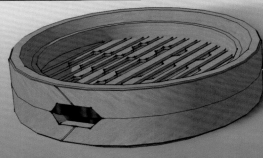

香港素有美食之都的美誉，在这个对美食如此热衷的城市里，传统的饮茶文化更受广大市民欢迎。"蒸包子"的概念源自广东茶楼的点心蒸笼，这张矮凳子是由四层蒸笼互相堆叠组成的，而每个盘子里都放满了发软舒适的包子形状的坐垫。这张充满幽默感的凳子有如一笼笼新鲜出炉的点心香喷喷地呈现在家中，四合一的设计组合既灵活又节省地方。

林伟而

在1993年，林伟而正式成为香港思联建筑设计有限公司的董事总经理，该公司在北京、上海和深圳均设有分部。除作为一名建筑师外，他还活跃于艺术领域，主要是公共艺术、摄影和绘画。他善于把传统工艺融入在当代艺术中。他多次做个人展览，展出有关公共艺术装置，包括2003及2011年在中国香港举行的彩灯大观园、2006及2010年在意大利举行的第12及14届威尼斯建筑双年展、2007及2009年在中国香港举行的香港深圳城市建筑双城双年展。他的作品曾在中国的香港、成都，美国和荷兰等国家和地区展出。"西九大戏棚2013"更获得香港设计中心亚洲最具影响力设计奖及亚洲最具影响力文化特别奖。

中国香港　马哥孛罗港威酒店

中国香港 马哥孛罗港威酒店

四川　成都万科房地产有限公司售楼中心

日本　千禧三井花园饭店

中国香港　唯港荟酒店

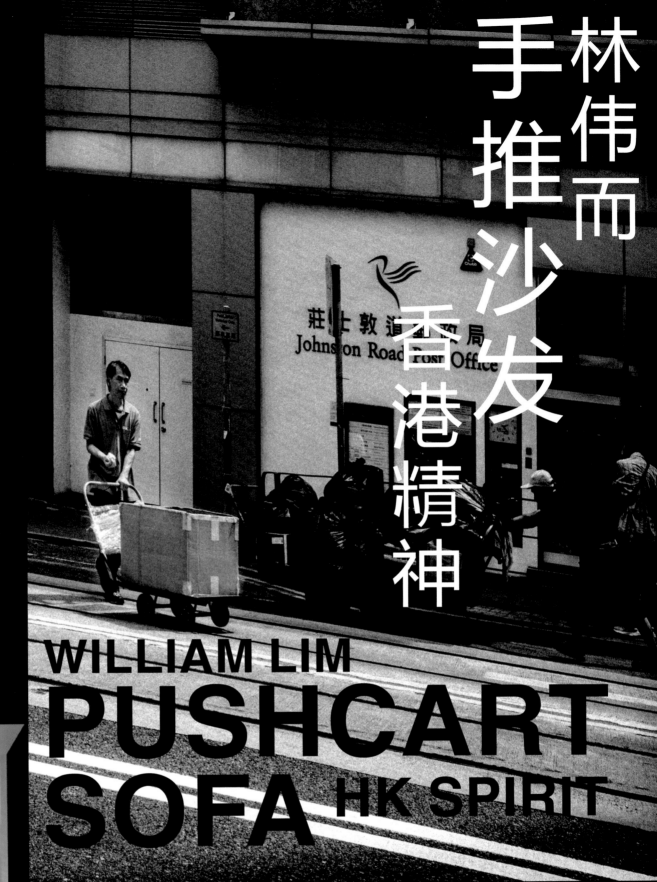

林伟而
手推沙发
香港精神

WILLIAM LIM
PUSHCART
SOFA HK SPIRIT

潘鸿彬

香港理工大学室内设计（荣誉）学士
香港理工大学设计学硕士、助理教授
香港室内设计协会副会长
香港泛纳设计事务所创始人

2003年创立屡获殊荣的PANORAMA泛纳设计事务所，公司业务包括室内设计及品牌策划，作品在世界各地设计大赛中荣获超过50个奖项，包括美国IDA设计大奖、日本JCD Design Award100强、荷兰FRAME Great Indoors Awards 提名、iF中国设计大奖、中国最成功设计大奖、金指环一iC@ward全球室内设计大奖、APIDA亚太室内设计大奖、HKDA香港设计师协会环球设计大奖、PDRA透视室内设计大赏及入围DFA亚洲最具影响力设计大奖。作品屡被收录于国际书籍和杂志上，如荷兰的《FRAME》、日本的《World Hyper Interiors》、新加坡的《ISH》及《d+a》、韩国的《Interior World》及《bob》等。
分别于2008及2010年获颁香港十大杰出设计师大奖及中国优秀创新企业家殊荣；
2011年台湾室内设计大展被邀参展的10位国际设计师中唯一华人；
IFI国际室内建筑/设计师联盟2011—2014执行委员；
2014年获颁深港杰出成就设计师大奖以表扬其为室内设计行业过去十年发展所付出的贡献。

成都 Skytel天阅酒店

成都 Skytel天阅酒店

成都 Skytel天阅酒店

变．格

当代城市客厅的可变形智能家具

Trans-Grid

设计：PANORAMA 泛纳设计事务所　　www.panoramahk.com

智能系统：Home Touch Limited 控特有限公司　　www.hometouch.asia

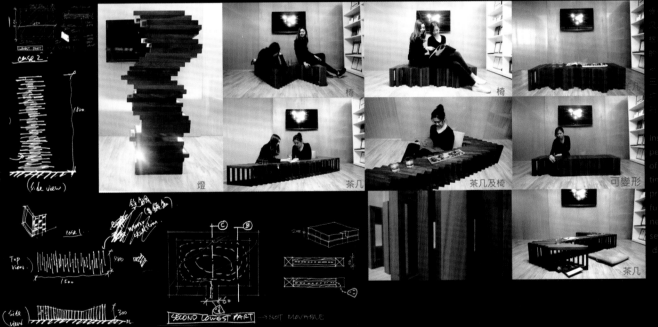

椅

椅

燈

茶几

茶几及椅

可變形

茶几

Inspired by the unique Hong Kong pencil box towers and urban context of flexibility & adaptability, this timber furniture piece provides choices of form and function to suit various user needs. Three scenarios of seating mechanism to create different spatial...

姜 峰

J&A杰恩设计董事长、总设计师。建筑学硕士，中欧EMBA，教授级高级建筑师，国务院特殊津贴专家。现担任中国建筑学会室内设计分会副理事长、中国建筑装饰协会设计委副主任、中国室内装饰协会设计委副主任、澳门国际设计联合会副会长等社会职务。受聘于天津美术学院、四川美术学院、鲁迅美术学院、深圳大学、北京建筑大学等高校，担任客座教授或研究生导师。多年来在国家级刊物中发表了20多篇学术论文，并多次担任国内外大型专业学术论坛的特邀演讲嘉宾，在行业中有着广泛的社会影响力。

主要荣誉：
历年来先后荣获亚太十大领衔酒店设计人物、亚太区卓越酒店设计师、终身艺术设计成就奖、中国室内设计功勋奖、中国酒店设计领军人物、深圳市十大杰出青年、深圳百名行业领军人物等社会荣誉，并入选美国《室内设计》杂志名人堂。

上海浦东文华东方酒店

深圳星河时代COCO Park

深圳星河时代COCO Park

大连达沃斯国际会议中心

洪忠轩

美国国会授予荣誉奖的华人空间设计师

美国加利福尼亚州政府荣誉奖获得者

美国洛杉矶市长奖获得者

第29届奥运会特许商业空间形象识别系统设计全球负责人

全球三大七星酒店设计机构HHD首席设计师

HHD（香港）假日东方国际·设计机构负责人

中港基业（香港）——利宾凤凰文化机构负责人

SZAID设计师协会轮值会长

清华大学、中央美术学院、同济大学、天津美术学院、深圳大学客座导师

阿拉伯联合酋长国阿扎曼大学客座导师

BMG-HOTELS七星酒店设计者

迪拜阿尔法塔（迪拜塔）顶层设计者

三亚美丽之冠七星酒店

美丽之冠横琴梧桐树大厦

三亚美丽之冠七星酒店

陈厚夫

厚夫设计顾问机构创始人。作为中国第一代室内设计代表人物之一，见证了行业从起步到繁荣的过程。陈厚夫是首位以卓越成就积分被香港政府吸纳的设计界优才。

荣誉

夺得美国HDA设计金奖，在国际领域成为第一个获得该荣誉的华人

被CIID选为中国室内设计十大年度影响力人物

被美国《室内设计》杂志评为十大封面人物

被美国《室内设计》颁发了设计名人堂大奖以嘉奖其对行业做出的贡献

IDCFC城市荣誉杰出室内设计师

中外酒店论坛十大白金设计师

中国国际饭店博览会最佳酒店设计师

获邀

中央美术学院建筑学院、清华大学美术学院、天津美术学院、同济大学四校社会实践导师

深圳大学艺术设计学院 客座教授

汕头大学长江艺术与设计学院 客座教授

中国建筑学会室内设计分会 理事

中国建筑学会室内设计分会《中国室内》执行编委

SIID深圳市室内建筑设计行业协会 副会长

CIID2014年第十七届中国室内设计大奖赛 评委

万科"混凝土的可能"设计计划 特邀设计师

江苏 宜兴万达艾美酒店

江苏 宜兴万达艾美酒店

江苏 宜兴万达艾美酒店

江苏 宜兴万达艾美酒店

曾传杰

台湾班堤室内装修设计企业有限公司 总经理
上海班果实业有限公司 总经理
中国室内装饰协会CIDA专业委员会 副主任委员
台湾高雄市空间艺术学会 第11届理事长
台湾室内设计装修公会联合会 两岸事务主任委员
广东省家具商会 设计委员会名誉会长
台湾室内装修专业技术人员学会 大陆事务主任委员
树德科技大学 客座教授
文化大学 客座教授
正修科技大学 客座教授
江西宜春学院 客座教授
亚太设计师台湾专业联盟 秘书长
台湾家具产业协会 理事长
2011年 受邀担任Idea-Tops艾特奖 评审委员
2011年 受邀担任IAI亚太绿色设计全球大奖 评审委员
2013年 受邀担任广州国际家具展 评审委员
2014年 获选为IAI华人十大精英米兰设计周联展
2015年 受邀担任国际空间设计大奖·艾鼎奖 评审委员
2015年 受邀担任浙江设计精英邀请赛 评审委员
2015年 受颁广东省家具商会设计委员会 名誉会长
获奖情况
2011年 两岸四地设计大赛餐饮空间类 金奖
2011年 亚太设计全球绿色设计大赛方案类 金奖
2012年 中国国际室内设计双年展工程商业空间类 金奖
2012年 现代装饰国际传媒奖年度家居空间类 大奖

The House 15 Villa

素颜舞者

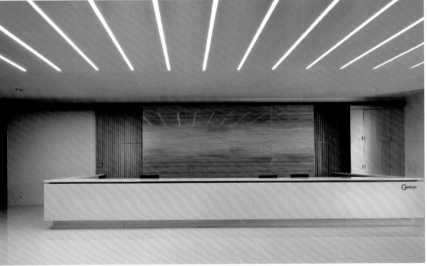

王胜杰

王胜杰是新加坡诺特设计集团的创始人与董事长，公司办事处分布在新加坡、马来西亚、文莱与中国。他是现任新加坡室内设计师协会的理事长，被云南省室内设计行业协会委任为名誉会长，担任了重庆市室内设计企业联合会的国际学术顾问，2014年成都市创意与设计周和2014年云南省设计周的国际顾问，昆明市规划局、曲靖市规划局和怀化市规划局的顾问专家。王胜杰在中国两所大学担任客座教授，也是英国中央兰开夏大学的外部考官。他还在新加坡三所艺术学院现任外部考官，它们分别是南洋艺术学院、拉萨尔艺术学院和新加坡理工学院，前两所是新加坡知名的艺术学院。作为一个获得过多项荣誉的设计师，王胜杰被多次邀请担任设计大赛大奖的裁判长，包括2013年云南省高等职业院校室内装饰设计大赛、2012—2013年新加坡立邦漆年轻设计师大奖等。他曾在声望很高的意大利A'设计大奖2013年中担任评委，是评委团里少数得到认定的亚洲专家之一。近期，王胜杰被香港室内设计协会邀请担任亚太室内设计大奖的国际评委。在亚洲业界内，王胜杰对各种媒体特写与采访并不陌生，也当过几本杂志的封面人物。2014年王胜杰荣获了新加坡设计总商会颁发的2014亚洲顶尖设计师大奖。2015年，王胜杰被香港《透视》杂志"40位40岁以下大奖"评为2015年度建筑设计的获奖者。

狮口崖酒店

莫干山艺酒店

莫干山艺酒店

H3旗舰店

H3旗舰店

H3旗舰店

陈宏良

天萌国际设计集团创始人、执行董事、总建筑师
羊城设计联盟文体事务部主席，曾先后任职于铁道部柳州铁路勘测设计院建筑师
汉森国际设计·伯盛设计事务所合伙人、设计总监
国家一级注册建筑师 / 澳门国际设计联合会理事
主要荣誉：
1995年 柳州铁路局十大杰出青年及直属机关爱岗敬业模范称号
1996年 中华全国铁路总工会"火车头奖章"
1998年 获广西壮族自治区"省级劳动模范"称号
1998年 铁道部"科技拔尖人才"称号
2013年 获2013年"美居奖"年度十大建筑人物荣誉
2014年 入编《中国当代青年建筑师》年鉴
2014年 获IHFO"中外酒店建筑设计大师"荣誉
2014年 获2014年"美居奖"年度十大建筑人物荣誉
柳州市福利院老年人公寓，获1991年广西壮族自治区优秀设计一等奖
广西工学院图书馆，获1993年柳州市建筑工程一等奖
柳州市柳南区政府办公大楼，获1996年柳州市优秀设计一等奖
广州时代花园，获2000年最佳人居环境金奖、建筑设计金奖
东莞虎门丰泰花园酒店，获2002年广东省优秀设计三等奖、东莞市优秀设计一等奖、国家工程鲁班奖
广州云山诗意，获2005年广东省优秀设计一等奖、国家优秀设计二等奖
阳朔河畔度假酒店，获"2011金驿奖"最佳生态（度假）酒店奖
天萌建筑馆，获2011年全球金指环大奖金奖（环保建筑类）
获2014年"金拱奖"绿色设计金奖
富港国际酒店，获2013年"美居奖"中国最美酒店奖
丽湖国际大酒店，获2014年"美居奖"中国最美酒店奖
万邦商业广场，获2014年"美居奖"中国最美商业综合体奖
九寨·松潘万豪酒店，获2014年"金拱奖"绿色设计金奖
海南·土福湾AUTOGRAPH酒店，2014年入选中国建筑设计作品年鉴
创越时代文化创意园，获2015年"美居奖"中国最美办公建筑奖

广州天萌建筑馆

四川九寨・松潘万豪酒店

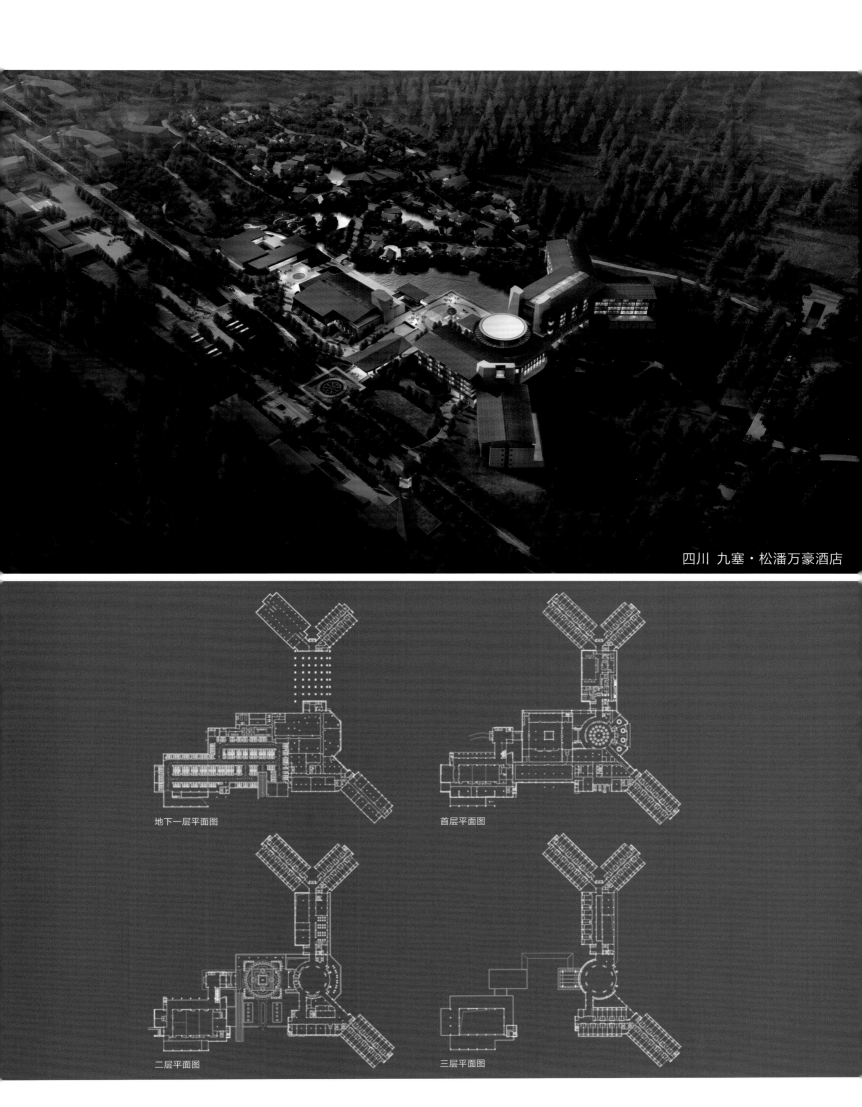

四川 九寨·松潘万豪酒店

地下一层平面图

首层平面图

二层平面图

三层平面图

邹志雄

广州方纬精装股份有限公司创始人
九筑国际（NBD）设计集团有限公司创始人
深圳前海摩通资本控股有限公司董事长
澳门国际设计联合会理事
全国百名有成就资深室内建筑师
2004、2005、2006年 荣获"广州十大最具影响力室内设计师"奖
2006年 荣获"广东省装饰行业优秀企业家"奖
2007年 荣获 广东省"岭南杯"十大杰出设计师奖
2008年 荣获"广州国际设计周——广州设计名片"奖
2008年 荣获"中国室内设计三十三风云人物"奖
2008年 荣获"中国室内设计十大新锐人物"奖
2008年 荣获"中国室内设计精英"奖
2008年 荣获"全国有成就资深室内建筑师"奖
2008年 荣获"中国杰出中青年室内建筑师"奖
2008年 荣获"金羊奖——中国十大办空空间设计师"奖
2009年 荣获"金堂奖——中国十大餐厅空间设计师"奖
2009年 荣获"金羊奖——中国十大室内设计师"奖
2009年 荣获"中国人民解放军建筑装饰行业设计师"荣誉称号
2009年 荣获"中外酒店白金奖——十大白金设计师"奖
2010年 荣获"杰出装饰工程建造师"奖
2010年 荣获"中国优秀民营企业家"荣誉称号
2010年 荣获"共和国杰出贡献人才——中国骄傲之星"荣誉称号
2010年 荣获"第二届（2010）全国行业杰出人物"殊荣
2010年 荣获"2010年度杰出装饰工程建造师"荣誉称号
2010年 荣获"广东省职工经济技术创新能手"荣誉称号
2011年 荣获"共和国建设功臣"荣誉称号
2009—2012年 荣获"广东省装饰工程功勋设计师"殊荣
2010—2011年 荣获"中国十大最具影响力综合类设计师"奖
2012年 荣获"亚太酒店设计十大新锐人物"殊荣
2013年 荣获广州市建筑装饰行业25年"资深设计师"荣誉称号
2013年 荣获"中国酒店设计大师"殊荣
2014年 荣获"广州市建筑装饰行业优秀企业家"荣誉称号
2014年 荣获"广东省五一劳动奖章"奖

江西 九江鄱阳湖国际酒店

江西 九江鄱阳湖国际酒店

江西 九江鄱阳湖国际酒店

广东 清远东江源温泉度假酒店

广东 清远东江源温泉度假酒店

王 河

华南理工大学博士

广州大学建筑设计研究院副院长、建筑总工程师

澳门城市大学国际旅游与管理学院博士生导师

英国皇家特许建造师、高级建筑师、高级环境艺术设计师

硕士研究生导师

澳门国际设计联合会专业委员会委员

主要荣誉

2009年广州国际设计周颁发金羊奖——岭南设计成就奖

（证书编号：NO.JYNL001）

2009年中国建筑设计十大年度人物

全国建筑工程装饰奖优秀设计师

1989—2009年中国杰出设计师

中国十大杰出酒店设计师

广州亚运城"村长院"

广州亚运城"村长院"

澳门星河湾名门
（"柯维纳马路-卢廉若马路"地段项目）

任清泉

深圳任清泉设计有限公司

中央工艺美术学院环艺系

世界酒店联盟 理事、中国房地产国学50人论坛 主席团专家

中国建筑装饰与照明设计师联盟 常务理事、中国室内装饰协会 理事

中国设计之窗ADC设计研修院 导师、香港室内设计师协会委员 专业会员、深圳市室内设计师协会 轮值会长

深圳市陈设艺术协会 理事、中央美术学院建筑学院 实践导师、清华大学美术学院 实践导师

天津美术学院设计艺术学院 实践导师、哈尔滨工业大学建筑学院 实践导师、东北师范大学美术学院 实践导师

北京建筑工程学院 实践导师、苏州大学金螳螂建筑与城市环境学院 实践导师

青岛理工大学艺术学院 实践导师、吉林艺术学院设计学院 实践导师

内蒙古科技大学艺术与设计学院 实践导师、山东师范大学美术学院 实践导师

担任2013年中国国际大学生空间设计大奖"ID+G"评委

中外酒店白金奖中国酒店设计大师、中外酒店白金奖十大白金设计师

中外酒店白金奖十大品牌酒店设计机构、世界酒店钻石奖十大杰出设计师

部分代表作品：海南三亚七仙瑶池热带雨林产权式酒店、云南丽江天雨一号和总私人会所、

昆明中远·铂金湾售楼处、浙江台州仙居花园样板房、广州南湖半岛别墅、广州中信正斗金厨餐厅

四川 成都达观山售楼处

云南 丽江天雨书苑精品酒店

罗 伟

高思迪赛（Growth Design）
由美国金教授与罗伟先生于美国洛杉矶联合创立，并于中国深圳、泰国曼谷、越南北宁先后成立设计机构，是一家活跃于美国、日本及中国等国家专业为温泉酒店、水疗、KTV、酒吧等提供装饰设计一体化的国际专业团队。为客户铸造品牌创造价值，使项目更灵性和独特。

高思迪赛亚太区设计总监

罗伟David Luo

首创以"适即是多"为核心的生长型设计理念

是生长型设计理念的创导者

美国高思迪赛设计集团创始人

深圳高思迪赛装饰设计有限公司设计总监

泰国曼谷高思迪赛设计机构创始人

越南北宁高思迪赛设计机构创始人

中国广州天工木创始人

澳门国际设计联合会副秘书长

中国娱乐设计协会荣誉会长

中沐委副会长

广东沐浴协会副会长

中国公益创意设计联盟会长

1995年中央工艺美术学院美术基础

1997年毕业于北京建设大学环境艺术设计系

1999年于中央美院进修

2013美国惠蒂尔学院研修建筑师

2015年于美国纽约联合国总部入选

联合国70周年华人当代艺术创意设计成就展

在16年的设计经历里，于设计前沿的欧洲、美国、日本、新加坡、韩国、泰国等国家及地区交流学习；共获得国内外设计类奖项200多个；

多次出席设计盛事及担任颁奖嘉宾。

高思迪赛一直十分注重客户的投资与回报。

500多个国内外成功项目实践和经验的积累，

欧美亚洲国际视野以及国际标准的4A高度，

高思迪赛致力于推动中国温泉酒店、

水疗及娱乐行业的不断创新和突破而努力！

越南 北宁富山凤凰国际酒店

越南北宁富山凤凰国际酒店

贵州 遵义汇龙酒店

麦德斌

创达·维森设计机构设计总监

高级室内建筑师

全国百名优秀室内建筑师

中国杰出中青年室内建筑师

金羊奖——中国十大设计师

中国室内设计年度封面人物

中国室内设计十大新锐人物

中国室内设计20年杰出设计师

意大利米兰理工大学设计管理硕士

中国建筑学会室内设计分会东莞专业委员会会长

澳门国际设计联合会副理事长

擅长：企业办公空间设计、酒店空间设计

仓与创—创意设计展示装置

仓与创一创意设计展示装置

王思思

雅思室内设计机构创始人、董事长

1990年毕业于广州美术学院设计系

毕业至今一直从事室内设计工作

中国建筑学会室内设计分会会员

羊城设计师协会会员

IDA国际设计师协会会员

广东省家具协会理事

广州市设计产业协会理事

澳门国际设计联合会理事

东升实业发展有限公司办公室室内设计项目

GUANGDONG DONGSHENG INDUSTRIAL DEVELOPMENT CO.,LTD. OFFICE INTERIOR DESIGN PROJECT

激水之急，至于漂石者，势也。语出《孙子兵法》之"兵势第五篇"。本案设计以"势"为主题，通过"面"的表现手法，营造一种大气的势。即以大面积的饰面、颜色或者节奏，体现空间的延伸感。通过"点"、"线"的表现手法，结合企业"实打实，硬碰硬"的务实精神，即以室内陈设艺术方式，营造一种简洁、大方、庄重的氛围。体现现在特定的空间，采用开敞式，或通透式的处理。打造一个通透安静、时尚简约、舒适健康，高效开朗的办公环境。

"狮子"为本次酒店室内设计概念，提炼其高贵、神秘、动感、祥瑞等元素加以分析提炼，同时将"舞狮"这一文化特色融入室内空间。各元素中"动感"是主线，打造出一个凹凸起伏、多层次变换的造型空间。

现代生活的浮华与喧嚣让我们越来越向往简约宁静的生活，餐厅不再仅仅是提供饮食的地方。其宁静文雅的环境可以从世俗中解脱，从繁杂中抽身，"古韵新风、亦古亦今"就很好地诠释了卡丽兰餐厅的设计精髓，传承中式风格，去其形，存其意，用现代手法传达中国古典意蕴以及岭南文化。

陈志斌

意大利米兰理工大学设计管理硕士。任鸿扬集团陈志斌设计事务所创意总监、鸿扬集团设计师协会会长，中南林业大学校外专业硕士生导师，长沙理工大学设计艺术学院客座教授，CIID中国建筑学会室内设计分会全国理事，APHDA亚太酒店设计协会理事，澳门国际设计联合会副理事长，湖南省艺术家协会委员，高级工艺美术师，中国十大样板房设计师。入选湖南文艺人才"三百工程"。2013年美国纽约华尔街中美50人设计展参展人。2015年湖南设计力量"携手众创中部设计之都"策展人。

作品获香港亚太室内设计大奖赛样板房类别银奖，海峡两岸四地室内设计大赛住宅工程类特等奖，中国室内设计大赛商业方案类一等奖，中国室内空间环境艺术设计大赛展示空间一等奖。二十年职业生涯，升华以文化内涵为核心的空间设计理论，磨砺出成熟的风格、严谨的思维、狂放的追求。

设计理念：以深厚的文化底蕴诠释当代空间。

代表作品：不器斋艺术中心、橘子洲度假村、湖南林业厅酒店、京投银泰环球村12套样板房及售楼部、歌剧魅影会所、四合院私人会所、阳光100西区国际样板房、根植东方非线性空间、抽象水墨·解构……

媒体报道与作品发表：

三次受邀主讲中央电视台《创意世界》栏目，多次主讲北京电视台装修栏目。中央二套《交换空间》样板空间作品，多家专业网站多次专访。近100本高品质书籍及文献收录作品。30多家知名杂志多次专访并发表作品与学术研究文章。2005年出版个人作品专辑《设计之旅》，2012年出版个人作品专辑《私享家——陈志斌室内设计作品集》。北京晚报、北京青年报、长沙晚报、潇湘晨报等多家纸媒曾多次专访报道并发表其作品。

不器斋艺术中心

橘子洲度假村

橘子洲度假村

汪 拓

高级室内设计师

全国有成就资深室内建筑师

金螳螂建筑装饰股份有限公司第五设计院二分院院长

澳门国际设计联合会副理事长

近年发表作品及获奖情况

2010年 中国国际设计艺术博览会"资深设计师"

"上海城市规划设计院办公楼"获2010年"尚高杯"中国室内设计大奖赛办公方案
一等奖，同时获得第四届全国环境艺术大展暨论坛"中国美术奖"大展入选作品

2011年 "上海城市规划设计院办公楼"获"中国建筑学会室内设计分会"举办的

2010—2011年 第五届海峡两岸四地室内设计大赛办公空间方案类"银奖"

"常州南洋大酒店"获中国建筑学会室内设计分会举办的中国室内设计大奖赛酒店
方案类"学会奖"

2012年 被中国建筑装饰协会评为"全国有成就的资深室内建筑师"

传世家具无锡销售展厅项目

传世家具无锡销售展厅项目

单鸿斌

浙江亚厦装饰股份有限公司第五设计院院长兼首席设计总监
香港正和设计顾问有限公司执行董事、设计总监
清华大学酒店设计高研班首届学员、美国惠蒂尔学院硕士进修、APHDA亚太酒店设计协会常务理事
IDA国际设计师协会杭州分会副会长
IFI国际室内建筑师/设计师联盟会员
中国建筑学会室内设计分会会员
中国建筑装饰协会浙江分会理事
中国最有成就的资深室内建筑师
2004年省优秀中青年室内建筑师
2005年中国杰出中青年室内建筑师
2008年《室内设计》中国最佳住宅室内设计企业十强
2009年IDA国际设计师协会会所类设计银奖
2010年中国资深室内建筑师
第五届中国国际设计艺术博览会获"2009—2010年度资深设计师"称号
第六届中国国际设计艺术博览会获"2010—2011年度中国十佳商业空间设计师"称号
2012年APHDA亚太酒店设计金艺奖
第五届中国照明应用设计大赛全国总决赛银奖、浙江赛区一等奖
2012—2013年十佳商业规划及空间设计师
第二届中国建筑装饰设计艺术作品展获"最具影响力设计师"称号
第二届中国建筑装饰设计艺术作品展获"百佳资深设计师"称号
2014年"金莲花"杯澳门（两岸四地）精英奖

杭州 萧山东方一号公寓会所

卓江华

加拿大Y&W建筑设计咨询公司室内设计总监。建筑学硕士，副教授，建筑室内设计教师，高级建筑室内设计师。中国建筑装饰协会注册高级室内建筑师，亚太建筑师与室内设计师联盟成员，中国建筑装饰协会会员，澳门国际设计联合会副秘书长。

主要荣誉

省级研究课题：基于"生态"理念的现代城市节能设计；关于高校教师心理契约的研究

中国国际装饰建材博览会 室内设计金奖

利豪杯中国室内设计手绘艺术大赛佳作奖

中国室内设计十大新锐人物提名

中国优秀室内设计师

罗马利奥杯全国十大室内设计师评选：十强设计师

瑞丽·家居设计大师奖

中国广州室内设计金羊奖

中国杰出建筑室内设计师

作品入选《创意中国》设计卷

国际环境艺术创新设计大赛金奖

中国杰出中青年室内建筑师

墨香茗居

叠泉

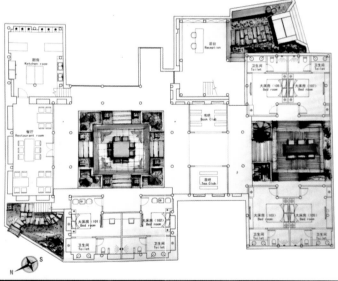

孙洪涛

中国美术学院国艺城市设计研究院 副院长及设计总监
SUN设计事务所设计总监
浙江亚厦装饰股份有限公司副总设计师
中国建筑装饰协会高级室内建筑师
中国建筑装饰协会高级陈设艺术设计师
中国建筑装饰协会杰出中青年室内建筑师
中国建筑装饰协会资深室内建筑师
长年致力于高端酒店、会所、样板房、精装楼盘的设计与研

绿地旭辉城

绿地旭辉城

旭辉·湖山源著

刘 劲

东合集团 董事长
最设计学院 董事长
高级建筑设计师
广州东启建筑设计有限公司 董事长
众设会国际跨界创意中心 发起人
Five国际艺术中心 发起人
壹空间整装设计 发起人
纯粹教育集团 副总裁
智绘树少儿美术教育 联合创办人
澳门国际设计联合会 副理事长
作品事项
1. 上海东庄海岸高尔夫会所酒店/建筑、室内设计
2. 江门海逸国际酒店/室内设计
3. 广州广交会威斯汀酒店/室内设计
4. 阳光半岛假日国际酒店/室内设计
5. 保定长城汽车地产森林湾高尔夫规划设计
6. 广州海印又一城总统酒店设计
7. 北京清河湾高尔夫规划设计
8. 北京奥园高尔夫规划设计
9. 东莞银瓶山国际度假酒店设计
10. 北京城建北苑宾馆设计

上海东庄海岸高尔夫俱乐部

保定森林湾生态城高尔夫会所

上海东庄海岸高尔夫俱乐部

翁永军

广州市筑意空间装饰设计工程有限公司董事长、总设计师

澳门国际设计联合会副理事长

1996—2000年曾任广东省集美设计工程公司第五公司负责人、设计总监

2001年创立广州集英社设计工程有限公司

2005年改名广州市筑意空间装饰设计工程有限公司

下属公司：

贵州集英社设计工程有限公司

广东省八建集团装饰工程有限公司贵州分公司

钧天国际规划设计院（香港）

广州钧天建筑规划设计有限公司

广州瀚雷装饰设计工程有限公司

广州澳园景观规划设计有限公司

广州钧天静池古琴文化有限公司

保利贵州天伦酒店

保利贵州天伦酒店

贵州贵阳保利凤凰湾二期样板房

贵州贵阳保利凤凰湾二期样板房

孙彦清

苏州金螳螂建筑装饰股份有限公司第六设计院 副院长

中国建筑学会室内设计分会会员

国际室内装饰设计协会资深会员（IFDA）

国际室内建筑师及设计师联盟专业会员（ICIDA）

首届清华大学建筑工程与设计高研班

作品获奖情况

中国华东区十大设计师金羊奖

江苏省第六届室内装饰设计大奖赛公共装饰类二等奖

江苏省第六届室内装饰设计大奖赛公共装饰类优秀奖

第四届海峡两岸四地设计师组住宅建筑方案铜奖

第四届海峡两岸四地设计师组综合类佳作奖

润澳星空杯入围奖

四川简阳海底捞丽雅酒店

自助餐厅

四川简阳海底捞丽雅酒店

玛利亚 · 莫拉
(Maria Manuel Moura)

Date	2013 to 2015
Function	Design Architect and Interior Designer
Company	Macao RYB International Design Institute

Works
FUHUALI office, Zhuhai, China—1000m²
Chongqing office, China—3500m²
Hejia office, Zhuhai, China—8600m²
Macao University College—34500m²
Macao University College , Garden—2500m²
Villa , Jumeirah, Dubai—860m²
Enping , Real estate, China—114029m²
Deyang Sunshine hotel, Sichuang, China—149612m²
Wartsila office, Zhuhai, China—4000m²
Macao University Lab , Macao—400m²
Winery, Shanghai, China—3000m²
Pavillion, Beijing, China—20m²

Date	2012 to 2015
Function	Architect Director
Company	Go2arch Lda

Works
Hotel in Vila do Conde—5000m²
Crestuma House—350m²
Lever House—300m²
Oporto Apartment—150m²
Touguinhó House—300m²
Miramar Houses—300m²

Date	2012 to 2013
Function	Architect
Company	Paula Teles Lda

Works
Accessibility Study Plan for Disabled People:
Santiago do Cacém
Torres Vedras
Alcácer do Sal
Grândola
Odemira
Sines
Barcelos
Almada
Aveiro
Guarda
Alandroal

Date	2009 I 2011
Function	Architect Assistant I Architect
Company	JJ Silva Garcia Arquiteto Lda

Works
Holiday House, Tróia Resort, Portugal—400m²
Family House, Guimaraes, Portugal—350m²
Vila Do Conde Apartment, Portugal—200m²
Póvoa Varzim House, Portugal—500m²

Date	2009
Degree	Master in Architecture

University Oporto Lusíada University

Zhuhai Hokai Medical Instruments Co., Ltd.

Zhuhai Hokai Medical Instruments Co., Ltd.

AMSV - MACAO UNIVERSITY
STATE KEY LABORATORY OF ANALOG AND MIXED SIGNAL VLSI

Macao University requested a project for the administration office of the State Key Laboratory of Analog and Mixed Signal. As well as a space for works exhibition, meeting room, offices for the Director, Deputy Director, Administration, print room, rest area, entrance lobby and exhibition corridor.

The RYB team got the inspiration from the blue of the laboratory logo, from the light connections, simple forms contrasting with the complex investigation that all day researchers do in this space.

Usually a laboratory is a white and cold space.So we pretend to give to the area outside of the research space, some warm environment. Through the use of the wood in the ceiling and other colors (orange, blue, grey) doing the contrast with white color.

The university requests an original solution to the exhibition of the student works in the corridor and exhibition space.Solution that they easily could increase the number of panels and adjustable to the size of the different panels. So we introduce in these 2 spaces, acrylic sliding panels, that can hide the different emergency doors of the corridor and create a bigger space for the exhibition room。

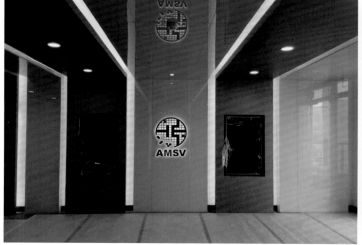

AMSV-MACAO UNIVERSITY

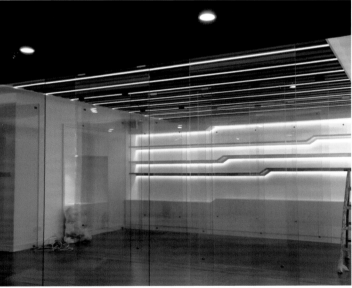

MEETING ROOM
OFFICE ROOM
LABORATORY

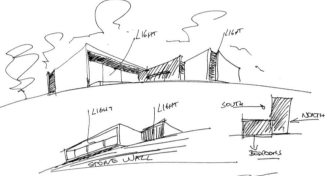

保罗 · 莫雷拉
（PAULO MOREIRA）

Date	2014 to present	Function	Senior Design Architecture Manager
Company	Xinming Design CO (Macao/Zhuhai)		
Date	2012 to present	Function	Architect Director
Company	go2arch Lda		
Works	Hotel in Vila do Conde, 5000m²		
	Crestuma House, 350m² / Leer House, 300m² / Oporto Apartment, 150m²		
	Touguinho House, 300m² / Miramar Houses, 1000m²		
Date	2013 to 2014	Function	Senior Architect
Company	JiuYuan Architecture Design Co. (Zhuhai)		
Works	Master Plan—Chibi-Hubei / Multifunction Building—Dongguan		
	Special School for Disable People—Zhuhai / Police School and Services Building—Zhuhai		
	Interior Design Apartment—Zhuhai		
Date	2000 to 2011	Function	Design Architect
Company	JJ SilvaGarcia Arquiteto Lda		
Works	House Rehabilitation, Povoa de Varzim—300m²		
	Family Residence, Vila do Conde—260m² / Thematic Museum, Povoa de Varzim—340m²		
	House Rehabilitation, Guimaraes—670m² / House Rehabilitation, Barcelos—600m²		
	Residential Apartments, Porto—7500m² / Family Residence, Oliveira de Azemeis—500m²		
	Family Residence, Guimaraes—450m² / Master Plan—POLIS Vila do Conde		
	Residential Apartments, S. Joao de Ver—8000m²		
	Family Residence, Carrazeda de Anciaes—240m²		
	Residential Apartments, Vila do Conde—12000m² / Family Residence, Guimaraes—330m²		
	Flat Rehabilitation I, Vila do Conde—160m² / Flat RehabilitationII, Vila do Conde—170m²		
	Flat Rehabilitation, Porto—200m² / Family Residence, Vila do Conde—320m²		
	Residential Apartments, Vila do Conde—2300m² / Residential Apartments, Porto—4300m²		
	Family Residence, Vila do Conde—420m² / Building Rehabilitation, Vila do Conde—560m²		
	Elementary School, Sines—2200m²		
Date	2000 to 2012	Function	Design Architect
Company	Paulo Moreira Arquitecto		
Works	Nursing School Rehabilitation, Porto—4800m² / Family Residence, Vila do Conde—300m²		
	Family Residence, Vila do Conde—410m² / Flat Rehabilitation, Vila do Conde—120m²		
	Flat Rehabilitation, Viana do Castelo—130m² / Family Residence, Vila do Conde—230m²		
	Family Residence, Vila do Conde—310m² / Family Residence, Vila do Conde—260m²		

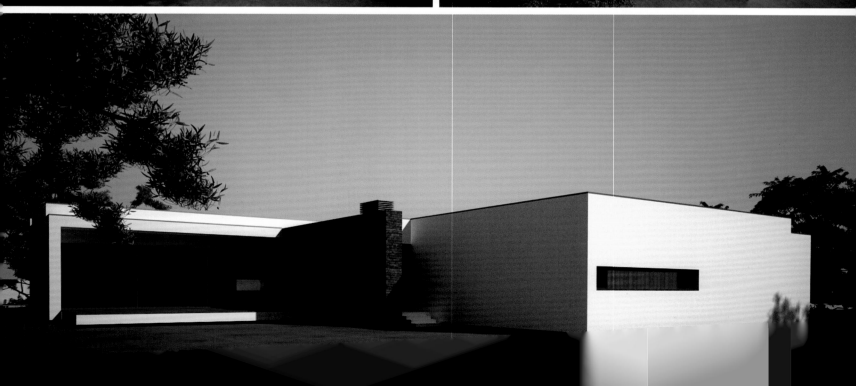

VILLA REHABILITATION, PORTUGAL

OPORTO APARTMENT, PORTUGAL

重庆铜梁国际五星级酒店综合开发项目

陈盛家

澳门RYB国际·三原色设计机构设计总监
澳门国际设计联合会理事
中国建筑学会室内设计分会（CIID）珠海专业委员会常务理事
珠海室内设计协会理事
2008年荣获"岭南杯"广东装饰行业设计作品展铜奖
2010年第八届中国国际室内设计双年展优秀奖
珠海市2012年度优秀勘察设计三等奖
珠海市2012公交候车亭方案入围作品——日月贝
2013年CIID中国建筑学会珠海地区"发现未来力量"优秀青年室内设计师
2016年"粤港澳"绿色家居创意设计比赛优秀奖

珠海富华里和创财富俱乐部

珠海富华里和创财富俱乐部

金 旺

澳门RYB国际·三原色设计机构设计总监

澳门三原色（国际）设计工程顾问有限公司设计总监

澳门国际设计联合会理事

中国建筑学会室内设计分会（CIID）珠海专业委员会会员

珠海室内设计协会理事

2012年珠海市优秀装饰设计三等奖

2013年CIID中国建筑学会珠海地区"发现未来力量"优

秀青年室内设计师

广东 珠海瓦锡兰玉柴中速发动机制造公司办公项目

广东 珠海瓦锡兰玉柴中速发动机制造公司办公项目

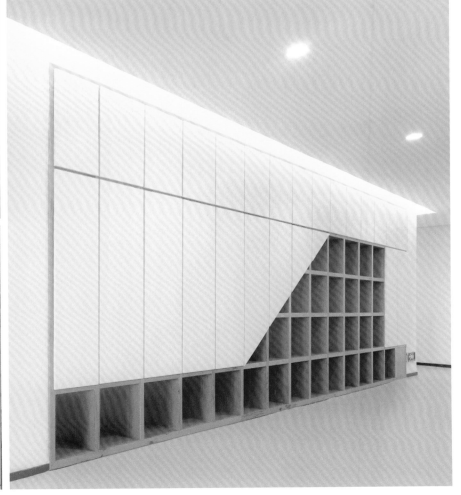

MACAO
澳门国际设计联展
INTERNATIONAL
DESIGN EXHIBITION

第二届"金莲花"杯国际
设计大师邀请赛获奖作品

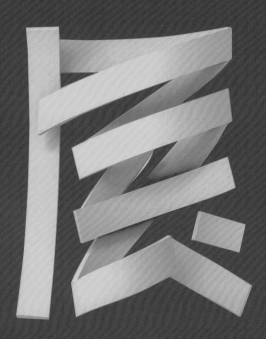

澳门国际设计联展

第二届"金莲花"杯国际设计大师邀请赛获奖作品名录

建筑·景观·规划类
金奖：魏春雨
银奖：曾传杰
铜奖：萧爱彬
提名奖：刘鹰、覃思、杨瑛

建筑·景观·规划方案类
金奖：浦海鹰
银奖：刘伟
铜奖：王胜杰
提名奖：陈思宁、付安平+李庭熙+郑昊、郭振明+王志勇+馀竣舒

酒店空间类
金奖：陈向京
银奖：何宗宪
铜奖：刘丽萍
提名奖：王政强+苏四强、于起帆、洪忠轩

酒店空间方案类
金奖：陈立坚
银奖：刘卫军
铜奖：吕军
提名奖：黄治奇、林志宁+林志锋、周翔

家居空间类
金奖：赵鑫
银奖：宋祉瑶
铜奖：张起铭
提名奖：李益中、周静+周伟栋、黄文宪

办公空间类
金奖：刘威
银奖：覃思
铜奖：吴文粒
提名奖：王政强、殷艳明、曹继浩

公共空间类
金奖：吕军
银奖：贺钱威
铜奖：张成荣
提名奖：唐玉霞、张灿、谢英凯

商业空间类
金奖：赵子欣+马宵龙
银奖：白晓龙
铜奖：林福星
提名奖：陈玮、李智、钟东伟

室内空间方案类
金奖：罗灵杰+龙慧祺
银奖：葛晓彪
铜奖：单昱俊
提名奖：吴文粒、唐锦同、陈玮

魏春雨

湖南大学教授、博士生导师

湖南大学建筑学院院长

湖南省设计艺术家协会主席

东南大学建筑设计及其理论博士

荣获中国建筑学会"当代中国百名建筑师"称号

中国建筑学会建筑教育奖获得者

荣获第一批"湖南省工程勘察设计大师"称号

"中国民主促进会"十二届中央委员

湖南省第九届、十届、十一届政协委员

荣获2015'澳门国际设计联展第二届"金莲花"杯

国际设计大师邀请赛"建筑·景观·规划类"金奖

中国书院博物馆

常德市规划展示馆、美术艺术馆、城建档案馆

萧爱彬

上海2008年度创意领军人物
2011年CIID中国室内设计影响力人物
2012年CIID中国室内设计影响力人物
中国十大样板房设计师
上海首届十大青年室内建筑师
四川师大视觉艺术学院客座教授
吉林建工学院客座教授
萧氏设计董事长、总设计师
山间建筑事务所设计总监
澳门国际设计联合会副会长
荣获2015'澳门国际设计联展第二届
"金莲花"杯国际设计大师邀请赛
"建筑·景观·规划类"铜奖

清澜半岛售楼会所

水月周庄售楼会所

刘 鹰

广州集美组设计机构高级建筑师

北京东方华太建筑设计工程有限责任公司广州分公司建筑所一所长

获奖情况

2008年 第四届海峡两岸四地设计大赛中参与的"广州长隆酒店扩建工程"项目荣获公共建筑方案"铜奖"

2008年 第四届海峡两岸四地设计大赛中参与的"中山清华坊"项目荣获住宅建筑工程"铜奖"

2009年 北京市第十四届建筑设计评选中"河南郑州建业联盟新城三期"获"二等奖"

2010年 第八届国际室内设计双年展评选中"广州南湖宾馆建筑设计"获"银奖"

2015年 荣获2015'澳门国际设计联展第二届"金莲花"杯国际设计大师邀请赛"建筑·景观·规划类"提名奖

广州长隆酒店扩建工程

覃 思

澳门特别行政区注册建筑师
TCDI创思国际建筑师事务所董事长
广东维美工程设计公司董事长
澳门特别行政区注册建筑师
羊城设计联盟对外事务合作部主席
广东省环境艺术设计行业协会副会长
广东省陈设艺术协会常务理事
澳门大学亚太经济与管理研究所名誉顾问
澳门特别行政区仁慈堂婆仔屋顾问
IAI亚太设计师联盟核心成员
CIDA全国优秀室内设计师
中国室内装饰协会设计专业委员会委员
广东省茂名市政协委员
广东省茂名市海外联谊会理事
华南理工大学澳门校友会副会长
澳门广州天河区经济文化促进会副会长
澳门茂名市同乡会副会长
澳门濠江中学精英校友
广东省江门三闲堂慈善基金会副理事长
澳门国际设计联合会副理事长
荣获2015'澳门国际设计联展第二届
"金莲花"杯国际设计大师邀请赛
"办公空间类"银奖
荣获2015'澳门国际设计联展第二届
"金莲花"杯国际设计大师邀请赛
"建筑·景观·规划类"提名奖

赛莱拉干细胞科技办公室

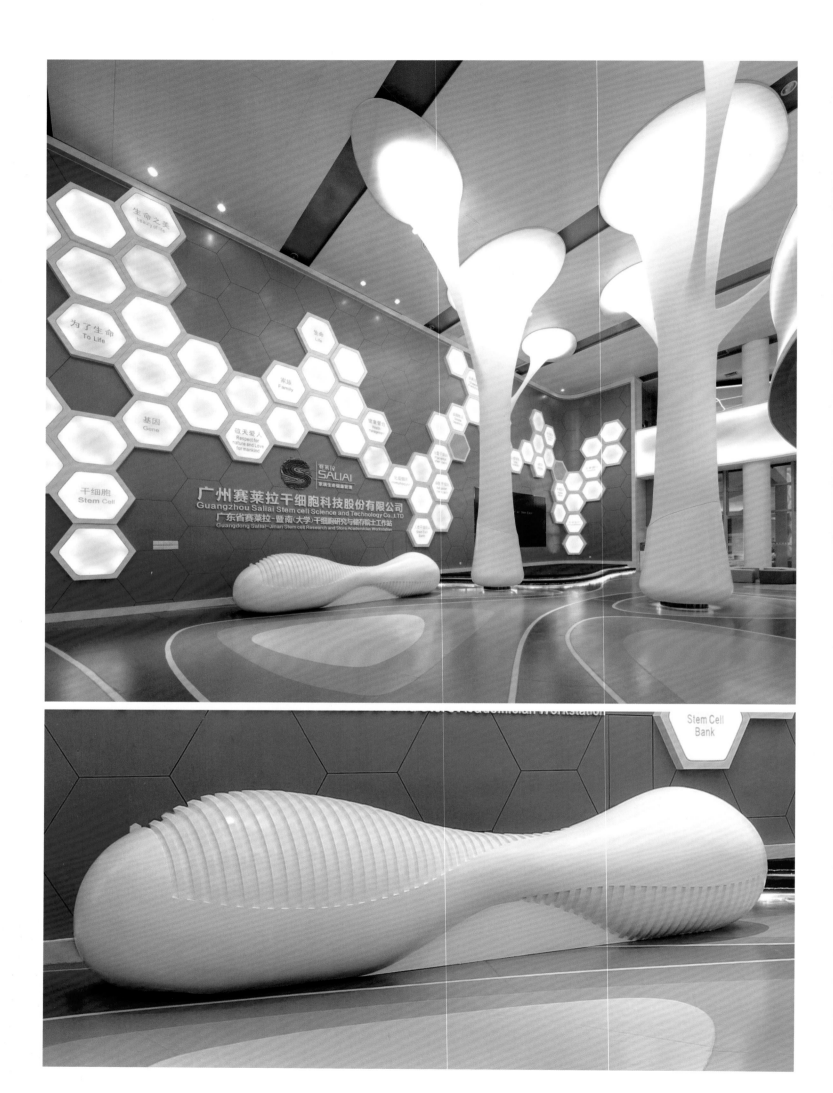

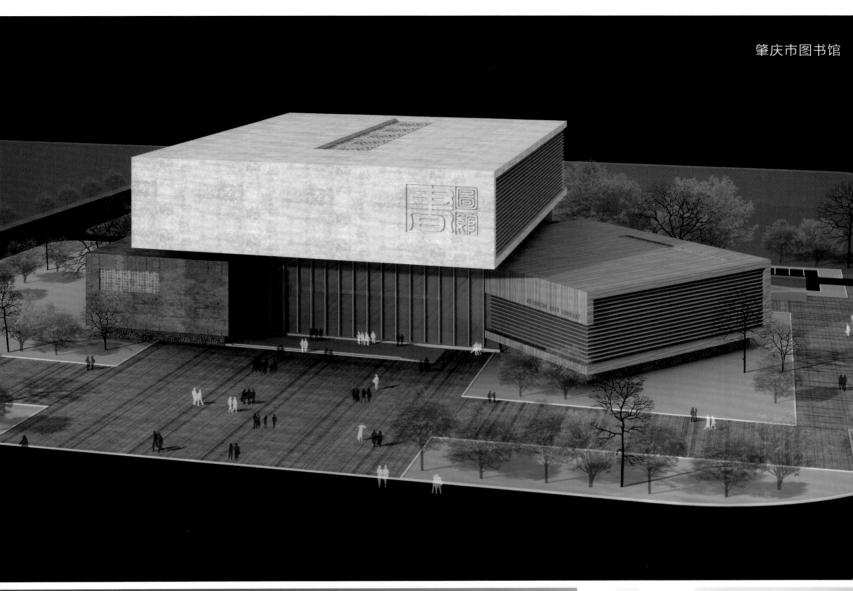

杨 瑛

建筑学博士
教授级高级建筑师
国家一级注册建筑师
APEC国际注册建筑师
当代中国百名建筑师
湖南省工程勘察设计大师
现任
湖南省建筑设计院总建筑师
湖南省建筑师学会理事长
湖南省土木建筑学会副理事长
湖南省设计艺术家协会副主席
中国建筑学会理事
中国建筑学会建筑师分会理事
重庆大学兼职教授、重点实验室高级访问学者
华中科技大学兼职教授
中南大学兼职教授
贵州大学兼职教授
长沙理工大学兼职教授
湖南工业大学建筑与城乡规划学院名誉院长
荣获2015'澳门国际设计联展第二届"金莲花"杯国
际设计大师邀请赛"建筑·景观·规划类"提名奖

苏仙岭景观瞭望台

浦海鹰

上海壹城建筑设计有限公司合伙人

国家一级注册建筑师

荣获奖项

荣获2010年度上海市城建设计研究院"优秀勘察设计项目负责人奖"二等奖

荣获"苏州高新区有轨电车1号线车站建筑设计方案"一等奖

参与的"合肥南站综合交通枢纽及配套路网研究"获上海市工程咨询行业协会2010年度优秀工程咨询成果二等奖

"京沪高铁镇江站站场地区城市设计"获得国际竞赛一等奖

"北京轨道交通房山线南关站及周边用地一体化城市设计"获得国际竞赛一等奖

"洛阳新区拓展区撤村并城1号小区(样板小区)工程"获得竞赛一等奖

"天津滨海新区新港三号路两侧及新港社区环境综合整治工程"获得竞赛二等奖

"新建闵行区公共服务中心工程"获得竞赛三等奖

"河南开封高中新校区规划与建筑设计"获得竞赛一等奖

荣获2015'澳门国际设计联展第二届"金莲花"杯国际设计大师邀请赛"建筑・景观・规划方案类"金奖

珠海禾田信息港

达沃斯含山旅游中心

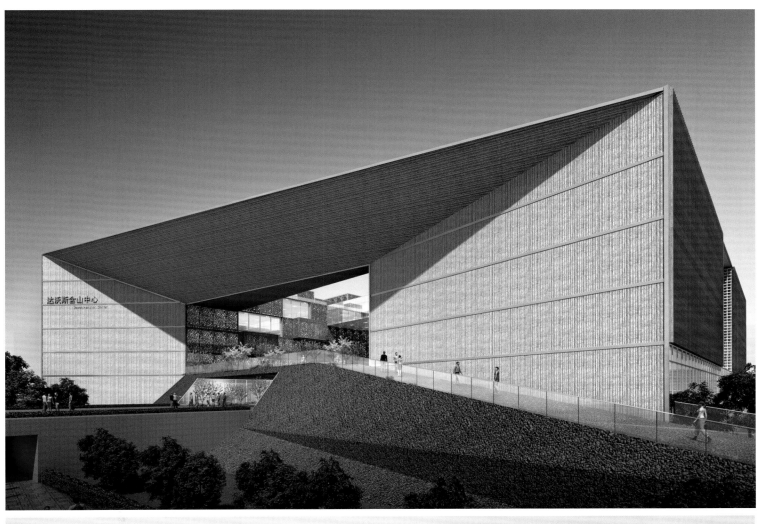

达沃斯含山旅游中心

刘 伟

高级室内建筑师
《中国室内》杂志编委
《中外建筑》杂志理事
湖南省建筑师学会常务理事
湖南省室内建筑师分会会长
《家具与室内设计》杂志编委
湖南省美协设计艺术委员会主任
"全国百名优惠设计师"荣誉称号
长沙佳日装饰设计有限公司设计总监
中国室内设计学会副理事长、常务理事
中国室内设计学会湖南专业委员会主任
湖南师范大学美术学院客座教授、硕士生导师
苏州大学金螳螂建筑与城市环境学院教授、室内设计系主任
荣获2015'澳门国际设计联展第二届"金莲花"杯国际
设计大师邀请赛"建筑·景观·规划方案类"银奖

北远安县全域景区化设计

长海铜馆窑园林

陈思宁

高级规划师
国家注册规划师
珠海城乡规划委员会控制性详细规划与城市设计委员会委员
珠海市道路安全咨询委员会委员
珠海市建筑工程评标专家
珠海市规划设计研究院香洲分院院长
珠海市规划设计研究院园林专业总工程师
荣获奖项
2005年"广东省城乡规划行业优秀规划工作者"
北京通州生态商务园区概念性城市设计国际竞赛一等奖
珠海市吉大商务区中心广场设计国际竞赛一等奖
珠海市西部中心城概念规划设计国际竞赛（与wwcot合作）一等奖
孝感市"两湖"区域保护与控制规划竞赛一等奖
珠海保税区控制性详细规划竞赛一等奖
江西上饶市一江两岸城市设计竞赛一等奖
上饶市赣东北大道、中山路、抗建路（步行街）综合环境景观设计
竞赛一等奖
2015年荣获2015'澳门国际设计联展第二届"金莲花"杯国际设
计大师邀请赛"建筑·景观·规划方案类"提名奖

北京通州生态商务区概念性城市设计

珠海市高新区绿道中至银坑段设计

付安平

四川华泰众城工程设计有限公司董事长
北京东方华太建筑设计工程有限责任公
司成都分公司总经理
美国罗杰斯国际建筑设计公司西南首席代表
中国房地产研究会文旅委员会西南区核心成员
青年建筑师、高级建筑师
荣获2015'澳门国际设计联展第二届"金莲
花"杯国际设计大师邀请赛"建筑·景观·规
划方案类"提名奖

李庭熙

四川华泰众城工程设计有限公司总建筑师
北京东方华太建筑设计工程有限责任公司
成都分公司首席顾问建筑师
一级注册建筑师
荣获2015'澳门国际设计联展第二届"金
莲花"杯国际设计大师邀请赛"建筑·景
观·规划方案类"提名奖

郑 昊

北京东方华太建筑设计工程有限责任公司
成都分公司副总经理、副总建筑师
一级注册建筑师
荣获2015'澳门国际设计联展第二届
"金莲花"杯国际设计大师邀请赛
"建筑·景观·规划方案类"提名奖

中国·洛带博客小镇

郭振明

建筑学学士
广州华都建筑规划设计有限公司设计总监
2015年荣获2015'澳门国际设计联展第二届"金莲花"杯国际设计大师邀请赛"建筑·景观·规划方案类"提名奖

王志勇

建筑学硕士
2015年荣获2015'年澳门国际设计联展第二届"金莲花"杯国际设计大师邀请赛"建筑·景观·规划方案类"提名奖

馀竣舒

建筑学学士
2015年荣获2015'年澳门国际设计联展第二届"金莲花"杯国际设计大师邀请赛"建筑·景观·规划方案类"提名奖

广州华都建筑规划设计有限公司

台山·浪琴湾入口区建筑规划设计

陈向京

广州集美组室内设计工程有限公司总设计师
中央美术学院城市设计学院客座教授
广州美术学院设计学院客座教授
美国IDDA国际室内设计师协会会员
中国室内装饰协会设计专业委员会副主任
中国室内装饰协会陈设艺术专业委员会副主任
中国建筑学会室内设计分会CIID广州分会理事
荣获2015'澳门国际设计联展第二届"金莲花"
杯国际设计大师邀请赛"酒店空间类"金奖

嘉兴月河客栈

刘丽萍

澳门RYB国际·三原色设计机构设计总监
澳门国际设计联合会理事
中国建筑学会室内设计分会（CIID）珠海专业委员会
珠海室内设计协会副秘书长
第八届中国国际室内设计双年展铜奖
第八届中国国际室内设计双年展优秀奖
2010年第五届海峡两岸四地室内设计大赛铜奖
2010年珠海市优秀装饰设计三等奖
2012年珠海市优秀装饰设计三等奖
2013年CIID"发现未来力量"优秀青年室内设计师
2015年荣获2015'澳门国际设计联展第二届"金莲花"
杯国际设计大师邀请赛"酒店空间类"铜奖

澳门大学新校区·酒店项目

UM Hotel

Hotel of Macau University

王政强

高级室内建筑师
郑州弘文建筑装饰设计有限公司总设计师
中国建筑学会室内设计分会第十五（河南）专业委员会学术顾问
河南省陈设艺术协会执行主任
亚太酒店设计协会河南分会副会长
中国建筑学会室内设计分会会员
澳门国际设计联合会理事
2004年获第七届新西兰羊毛局中国室内设计大奖赛佳作奖
2006年度全国杰出中青年室内建筑师
法国国立科学技术与管理学院设计管理专业硕士学位
2009年被中国建筑学会室内设计分会（CIID）授予
"1989—2009中国室内设计二十年——杰出设计师"荣誉称号
2012年获得深圳现代装饰国际传媒颁发年度精英设计称号
2014年获晶麒麟空间导演奖
2015年荣获2015'澳门国际设计联展第二届"金莲花"杯国际设计大师邀请赛"酒店空间类"提名奖

苏四强

郑州弘文建筑装饰设计有限公司设计师
毕业于河南省工艺美术学校
清华大学酒店设计高级研修班研习
高级室内设计师
中国建筑学会室内设计分会会员
2008年"郑州CIBO西餐厅"荣获亚太室内设计双年展餐饮空间银奖
荣获"尚高杯"中国室内设计大奖赛商业工程类佳作奖
2010年"郑煤仁记体检院"荣获中国室内设计大奖赛文教、医疗方案
类二等奖
2013年"濮阳路尚酒店"荣获中国室内设计大奖赛方案类银奖
2014年"宏图街酒店"荣获第十七届室内设计大奖赛方案金奖
2015年"洛阳颐拾酒店"荣获CIID"80设计展"郑州站优秀奖
2015年 荣获2015'澳门国际设计联展第二届"金莲花"杯国际
设计大师邀请赛"酒店空间类"提名奖

洛阳颐舍酒店

项目名称：颐舍酒店
项目地点：河南省洛阳市
项目面积：6500平方米
设计单位：郑州弘文建筑装饰设计有限公司
设计师：苏四强
参与设计：王政强、张雷、王丽娜、杨志聚
主要用材：锈钢板、老砖、黑色石材
竣工时间：2015年01月

弘文3号院

于起帆

河南希雅卫城装饰设计工程有限公司总设计师
中国建筑学会室内设计分会第十五（河南）
专业委员会副秘书长
亚太酒店设计协会河南分会副秘书长
中国室内装饰协会陈设艺术专业委员会委员
河南陈设艺术协会会员
高级室内建筑师
清华大学酒店设计高级研修
2012金亿奖亚太酒店设计大赛金奖
主要从事各类特色酒店、售楼样板间、会所餐
饮等商业空间的室内空间设计及规划
荣获2015'澳门国际设计联展第二届"金莲花"
杯国际设计大师邀请赛"酒店空间类"提名奖

巩义朗曼新城美式样板间

郑州璞居酒店

陈立坚

长江商学院EMBA、MBA
高级室内设计师
陈立坚建筑空间设计有限公司董事长、总设计师
AFC联合创企建筑设计有限公司董事、总经理
广州市景森工程设计股份有限公司董事长、全系
统设计总协调官
智尊品陈设装饰有限公司董事长、设计总监
广东花生居电子商务有限公司董事长
IFI国际室内设计师联盟会员
中国室内装饰协会专业会员
中国室内设计学术委员会会员
中国建筑装饰协会设计委员会副主任委员
广东省环境艺术设计行业协会理事
广州市建筑装饰行业协会设计委员会副主任委员
创扬文化出版社《室内公共空间》编委
中国建筑装饰协会杰出中青年室内建筑师
中国建筑装饰协会资深室内建筑师
羊城设计新势力2006年度十大人物
2011年现代装饰国际传媒奖——年度精英设计师大奖
广州市建筑装饰行业25年资深设计师
2015年荣获2015'澳门国际设计联展第二届"金莲
花"杯国际设计大师邀请赛"酒店空间方案类"金奖

四川蓝雁集团产品展示展销中心

北京龙熙温泉度假酒店二期

刘卫军

PINKI（品伊国际创意）品牌创始人、创意美学导师、创意演讲人、生活美学家、艺术导演、设计师、艺术策展人。PINKI品伊国际创意美学院创始人，IARI国际认证与注册华人设计师，中国建筑学会室内设计分会CIID全国理事及深专委常务副会长，美国国际认证及协会注册高级设计师，中国首批注册国家高级室内建筑师，IFDA国际室内装饰协会理事，中国建设文化艺术协会环境艺术专业委员会高级环境艺术师，SIID深圳室内建筑设计行业协会发起人常务副会长，深圳陈设艺术协会发起人常务副会长，ADC设计研修院导师，ADC设计师资质认证委员会主任评委，清华大学美术学院陈设艺术高级研修实践导师，全国高级陈设艺术设计导师，中国设计行业特高级研究员，全国设计行业首席专家首登《亚洲新闻人物》的中国设计师，中国人民大会堂推行发布陈设艺术配饰专业发展第一人，CIID学会第一个代表中国设计界赴韩国首尔担任"第四届亚洲室内设计联合会年会暨国际室内设计学术交流会"演讲人，CIID学会第一个亚洲室内设计论文奖获得者，CIID学会第一批著书立作的设计师，2009年中国时代新闻人物，被誉为"空间魔术师"、"中国最具商业价值创造设计师"。2013年被授予中国室内装饰协会成立25周年"中国室内设计教育贡献奖"澳门国际设计联合会副会长。2015年荣获2015'澳门国际设计联展第二届"金莲花"杯国际设计大师邀请赛"酒店空间方案类"银奖

鎏金岁月 The Theme

以原空间基础布置进行细化整合，借以行云流水的空间动线合理分类整合，形成配合空间布局；空间色调以咖色为主色调，辅助以蓝灰色为大前提的调性下的多色混搭，将多元的颜色重组阵列，并列与空间特质中；以简洁明快的手法对时尚、品味重新诠释营造一个极度气派空间的氛围；丝光绒布料、水晶饰品与金属的高度精神气质的相融合，达成静逸微妙的触感；采用国内高品质布艺、国内品牌家具、高级定制家具。以金属色和线条感营造奢华感，简洁而不失时尚，配合精美的画作和制作精良的工艺品，从而达到雍容华贵的效果。

黄治奇

DMA（英国）建筑设计集团合伙人
0755装饰设计有限公司首席创意总监
专业资格
澳门城市大学在读博士
米兰理工大学设计管理硕士
中国注册高级室内建筑师
社会职务
中国湛江设计力量总会长
东莞市湛江商会执行会长
深圳市湛江商会常务副会长
中国娱乐空间设计协会会长
深圳市软装行业协会副会长
澳门国际设计联合会理事长
亚太酒店设计协会理事
世界名师会副会长
岭南学院客座教授黄治奇
荣获2015'澳门国际设计联展第二
届"金莲花"杯国际设计大师邀请
赛"酒店空间方案类"提名奖

丽都大酒店

林志宁

高级室内建筑师
注册国际商业美术环境艺术设计师（A级）
1996年毕业于广州大学艺术系室内设计专业
2005年毕业于清华大学建筑系建筑与室内设计研究生班
2011年结业于清华大学星级酒店设计研究生班
2012年结业于清华大学星级酒店投资管理研究生班
金艺奖亚太酒店设计大赛金奖获得者
中外酒店十大白金设计师获得者
连续第七、八届中国室内设计双年展大赛金奖获得者
SHD香港森瀚国际设计有限公司董事兼创意总监
2015年荣获2015年澳门国际设计联展第二届"金莲花"
杯国际设计大师邀请赛"酒店空间方案类"提名奖

林志锋

高级室内建筑师
中国注册高级室内设计师
毕业于清华大学星级酒店设计专业
广东省室内设计十大新锐人物奖
国际年度优秀室内设计奖
十大国际品牌酒店设计师白金奖
亚太酒店设计协会会员
中国建筑学会室内设计分会会员
SHD香港森瀚国际设计有限公司董事
SHD广州森瀚室内设计有限公司设计总监
2015年荣获2015年澳门国际设计联展第
二届"金莲花"杯国际设计大师邀请赛
"酒店空间方案类"提名奖

湖北腾龙国际度假酒店

周 翔

荣获2008年度上海国际建筑及室内设计"金外滩"入围奖;
荣获2009年度中国饭店业设计装饰大赛"金堂奖"主题餐厅类金奖;
荣获2009年度中国室内设计"酒店餐厅类最佳设计";
荣获2010年中国国际空间环境艺术设计大赛餐饮娱乐工程类"筑巢奖"优秀奖〔颁奖单位：中国建筑装饰协会、APIDA亚太空间设计师（2010年北京）〕论坛;
荣获2010年亚太室内设计双年大奖赛评审团特别大奖;
获IAI亚太绿色设计全球大奖"自然风"优秀奖;
入选2011—2012年度英国安德鲁·马丁国际室内设计大奖;
入围英国WAN 室内设计大奖终评阶段。
荣获2015'澳门国际设计联展第二届"金莲花"杯国际设计大师邀请赛"酒店空间方案类"提名奖

LIFE酒店

赵 鑫

高级室内建筑师

高级室内设计师

中国建筑装饰协会会员

中国建筑学会室内设计分会会员第29（山西）专业委员
会理事

山西省室内装饰协会设计委员会常务副主任

澳门国际设计联合会副理事长

2005年深造于清华大学首届建筑与室内设计高级研修班

2006年就读于法国国立科学技术管理学院（CNMA）
项目管理硕士班

2008年深造于清华大学酒店设计高级研修班

设计作品多次受到好评，长期参加全国范围内学术交流
活动，多次在全国设计大赛中得奖

2015年荣获2015'澳门国际设计联展第二届"金莲花"
杯国际设计大师邀请赛"家居空间类"金奖

小即是美——B户型

宋祉瑶

深圳市美美时尚装饰工程有限公司董事长、设计总监。拥有十多年的室内陈设设计经验，带领着美美设计团队走在室内陈设设计的前沿，以其远见卓识及坚定的设计理念，指引着美美的发展。其作品风格独特而富于变化，擅长处理复杂而多功能的大型空间，尤其在国际品牌酒店设计、商业地产设计、商业空间设计的把握上颇有心得。因此在业界享有良好的信誉和口碑，设计作品屡获设计界殊荣。

目前，已将软装设计界荣誉——2013年中国最佳酒店陈设艺术设计师、2013年中国酒店投资人联盟五星钻石奖、2012年第五届中国十大配饰设计师、2012—2013年全国室内装饰优秀设计机构、第二届亚洲品牌创新人物奖等奖项收入囊中。代表作品有：洛阳英和紫悦府样板房、鸿荣源壹方中心玖誉样板房、南京景枫4期别墅、成都万华麓湖生态城样板房等。2015年荣获2015'澳门国际设计联展第二届"金莲花"杯国际设计大师邀请赛"家居空间类"银奖。

洛阳英和紫悦府A户型

洛阳英和紫悦府D户型

张起铭

VIC DESIGNERS LTD创始人兼设计总监
中国高级室内建筑师
深圳室内设计师协会会员
2010年荣获第三届鹏城杯样板房设计金奖
2011年荣获珠三角十佳软装设计师
2012年荣获筑巢商业空间奖
2014年荣获大中华区十佳样板房设计师
2015年荣获联合国70+华人当代艺术，创意设计奖
2015年荣获2015'澳门国际设计联展第二届"金莲花"杯国际设计大师邀请赛"家居空间类"铜奖

南屿翡丽湾样板间

安上林西苑B户型

李益中

深圳大学艺术学院 客座教授
深圳设计师高尔夫球队 队长
中国建筑学会室内设计分会
CIID（全国）理事
中国建筑学会第三专业委员会 副会长
深圳市室内建筑设计行业协会SIID 理事
深圳十人"盒子汇"组织 联合发起人
深圳市李益中空间设计有限公司 创始人
成都市李益中空间设计有限公司 创始人
深圳市都市上逸住宅设计有限公司 创始人
2015年荣获2015'澳门国际设计联展第
二届"金莲花"杯国际设计大师邀请赛
"家居空间类"提名奖

卓越维港别墅

中粮商务公园

中粮商务公园

周 静

深圳市派尚环境艺术设计有限公司
执行董事
首席创意总监

2015年荣获2015'澳门国际设计
联展第二届"金莲花"杯国际设计
大师邀请赛"家居空间类"提名奖

周伟栋

深圳市派尚环境艺术设计有限公司 设计总监
SIID深圳市室内建筑设计行业协会 副会长
CIID深圳专业委员会委员
深圳室内设计师协会 常务理事
清华珠江投融资同学会理事
毕业于大连理工大学建筑系，米兰理工大学
设计管理硕士建筑师出身，后专注于会所、
售楼处、商业空间、别墅、样板房等专业室
内设计和陈设设计领域，带领团队执行的室
内设计项目多次获得"APSDA亚太室内设
计大奖赛"、"CIID学会奖"、"CIDA中
国室内设计大奖"等各类专业奖项。
2015年荣获2015'澳门国际设计联展第二
届"金莲花"杯国际设计大师邀请赛"家居
空间类"提名奖

壹方中心·玖誉样板房

南阳光

刘 威

武汉刘威室内设计有限公司创始人
意大利米兰理工学院硕士
武汉设计联盟学会秘书长
澳门国际设计联合会副理事长
中国室内装饰协会设计专业委员会委员
ICIAD 国际室内建筑师与设计师理事会成员

自1998年涉足室内设计行业至今，从业将近二十年，分别成立设计公司、软装公司和工程公司，主要致力于发展房地产业务。在华中地区为知名的地产开发商设计规划售楼部、样板房和室内精装修，并投身于住宅产业化设计。同时为数家上市公司的企业总部、会所及企业集团的私人豪宅规划空间并且执行工程，在业内拥有很高的声誉。作为一名室内设计师，刘威一直不断地学习和自我完善，提高个人素养。同时，刘威注重与业界大师们交流合作，其先后与美国、意大利、日本等国家的国际知名大师联合设计。刘威本着为设计行业的发展进步而奉献的精神，加入中国室内装饰协会设计专业委员会，积极地贡献自己的一份力量。
2015年荣获2015'澳门国际设计联展第二届"金莲花"杯国际设计大师邀请赛"办公空间类"金奖。

330

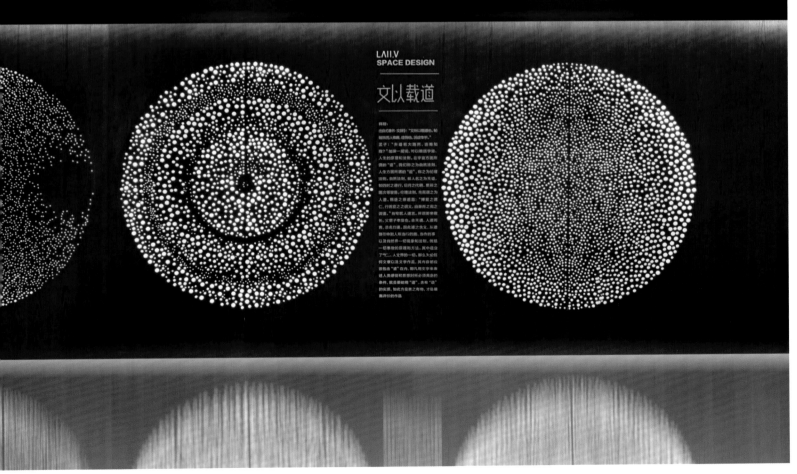

吴文粒

深圳市盘石室内设计有限公司 董事长兼设计总监
广东省家居企业联合会设计委员会 执行会长
米兰理工大学国际室内设计学院硕士
清华大学美术学院艺术陈设高级研修班实践导师
美国加利福尼亚州颁发的"杰出设计师"称号
美国美亚记者协会颁发的"最受欢迎设计师"称号
荣获中国室内设计"2013—2014中国室内设计年度封面人物"
大中华区十佳会所设计师、年度最佳室内设计师
大中华区十佳样板房设计师
深圳市室内设计师协会颁发"十年十杰设计师大奖"
中国建筑学会室内设计分会会员
中国建筑装饰工程师
澳门国际设计联合会副理事长
从事设计十多年，致力于样板房、会所、别墅、酒店、商业空
间等各项设计
2015年荣获2015'澳门国际设计联展第二届"金莲花"杯国
际设计大师邀请赛"办公空间类"铜奖
2015年荣获2015'澳门国际设计联展第二届"金莲花"杯国
际设计大师邀请赛"室内空间方案类"提名奖

盘石设计办公空间

殷艳明

中国建筑学会室内设计分会第三专业委员会
副秘书长
高级室内建筑师
2001年创立深圳市创域设计有限公司
深圳市陈设艺术协会常务理事
SIID深圳市室内建筑设计行业协会理事
广东设计师联盟常务理事
国际室内建筑师、设计师联盟深圳委员会委员
《深圳晶报》、《深圳商报》特约撰稿人
香港室内设计协会中国深圳代表处委员
2015年中国设计星华南区海选裁判导师
2015年房天下"东鹏杯"第六届家装榜样房设
计大赛决赛评委
2015年深圳国际家居饰品展金汐奖特邀评委
2015年澳门国际设计联合会理事
2015年荣获2015'澳门国际设计联展第二届
"金莲花"杯国际设计大师邀请赛"办公空间类"提名奖

万科成都五龙山别墅大独栋样板间

上海嘉年CEO酒店式公寓

曹继浩

1988年9月—1992年9月 苏州市电影公司宣传部
担任职务：美工
1993年3月—1996年7月 苏州金螳螂建筑装饰股份有限公司
担任职务：项目经理
1997年1月—2006年1月 苏州市万国装饰有限公司
担任职务：经理
2006年1月—2010年12月 苏州市装潢设计有限公司
担任职务：设计总监
2011年4月—2013年1月 苏州广林建设有限公司
担任职务：设计三院院长
2013年2月至今 苏州金螳螂建筑装饰股份有限公司
担任职务：第七设计院副院长
2015年 荣获2015'澳门国际设计联展第二届"金莲花"杯
国际设计大师邀请赛"办公空间类"提名奖

中国工商银行

中国工商银行宁夏分行

吕军

2002年荣获国际"亚太室内设计冠军奖"
2003年主编出版（室内设计创意手卷）著作
2005年荣获广东省手绘方案银奖
2006年荣获"2006年度最佳室内设计师"荣誉称号
2007年荣获金羊奖——2007年度中国十大设计师（团队）
2008年10月特聘"当代中国设计宇价值合作事业联盟"专业设计顾问
2009年12月于北京人民大会堂被授予"1989—2009年中国百名优秀室内建筑师"荣誉称号
2009年12月《大芬美术馆设计》入选"第十一届全图美术作品展览"
2011年荣获"2011—2012中国室内设计师年度封面人物"荣誉称号
2011年荣获中外酒店论坛2011年度"十大品牌酒店设计师"荣誉称号
2012年荣获亚太金艺奖酒店设计大赛十大风云人物奖
2012年"成都双流机场T2航站楼"项目荣获金堂奖
2012年"深圳北站"项目荣获金堂奖2012年中国室内设计年度十佳公共空间设计奖
2013年"深圳北站"项目荣获第十一届年度中国建设工程鲁班奖
2013年"深圳北站"项目荣获第十一届中国土木工程詹天佑奖
2014年现代装饰国际传媒奖年度酒店空间大奖
2015年荣获2015'澳门国际设计联展第二届"金莲花"杯国际设计大师邀请赛"公共空间类"金奖
2015年荣获2015'澳门国际设计联展第二届"金莲花"杯国际设计大师邀请赛"酒店空间方案类"铜奖

深圳北站

成都双流机场

大芬美术馆

君豪铂尊酒店

贺钱威

毕业于中国美院艺术设计学院室内设计专业
清华大学酒店设计高级研修班
意大利米兰理工大学（国际）设计管理硕士
中国杰出的中青年室内建筑师
中国百名优秀室内建筑师
中国建筑装饰协会设计委员会委员
亚太酒店设计协会理事
ICIAD国际室内建筑师与设计师理事会宁波区理事长
IFI国际室内建筑师、设计师联盟专业会员
CIID中国建筑学会室内设计专业会员
SZAID深圳市设计师协会专业会员
LA.H贺钱威设计师事务所创始人兼总设计师
新加坡GID国际酒店设计集团核心合伙人
2007年中国样板房设计流行趋势发展论坛主讲嘉宾
2007年广州国际设计周室内设计论坛"人居空间"
主讲嘉宾
荣获2015'澳门国际设计联展第二届"金莲花"
杯国际设计大师邀请赛"公共空间类"
银奖

蠡河街27院里——总裁官邸会所

张成荣

珠海天王空间设计有限公司总经理、首席设计师。

在建筑设计、概念空间整体规划方面有着深厚造诣和见解：他手法直截了当，风格鲜明，对空间属性定位明确，擅长运用摄影艺术中的光影手法植入于空间设计中，以期达到具有强烈冲击力的视觉效果；擅长将品牌文化和建筑空间完美结合；擅长运用中国传统的文化元素，通过现代的手法、现代材料加以系统性的描述和表达，为中国传统文化赋予新的生命。

多年来，他为国内多家大型知名企业包括办公家具、食品、电子等行业提供建筑外观设计、概念空间及品牌旗舰店、专卖店、形象店的设计，并获得客户和业界的极高评价。

2014年10月，他凭借"中泰家具博览中心"的设计项目，荣获第七届中国（深圳）国际室内设计文化节"大中华区十佳办公空间设计师"；同年11月，荣获被誉为行业"奥斯卡"之称的Idea—Tops艾特奖商业空间设计提名奖。其中，Idea—Tops艾特奖，是在35个国家和地区、4537件作品中经过激烈角逐脱颖而出最终进入商业空间类的前5名。

2015年1月12日，在广东省装饰行业年度总评金砖奖评选中获得了"珠海市装饰行业十佳精英设计师"的荣誉。

2015年3月29日，他获得由中国建筑装饰协会主办并在北京政协礼堂举办的"2014年中国设计年度人物颁奖盛典—十佳商业空间设计大奖"。

2015年4月29日，他设计的"北京黎明办公家具中心——数字黎明"，获得IAI国际设计奖大赛的"最佳设计大奖2014"；"中泰家具博览中心——和生万象"获得IAI国际设计大赛的"办公空间设计优胜奖"；"炫go"办公桌获得IAI国际设计大赛的"工业产品设计优胜奖"。

2015年5月4日，他设计的"炫go"办公桌入围国际知名的创意设计大奖"红点奖"。

2015年6月"中泰家具博览中心——和生万象"荣获中国建筑装饰协会颁发的"2014—2015年度十佳优秀项目作品"。

2015年6月"国景现代办公家具展厅——9字空间"（壹言九鼎）荣获中国建筑装饰协会颁发的"2014—2015年度十大最具创新设计人物"。

除此之外，2014年5月，在重庆首届"金渝杯"国际空间设计大赛中，他担任除了来自意大利、中国香港评委之外的唯一一位中国内地评委。

授人以鱼，不如授之以渔。他曾被北京理工大学珠海分校空间设计学院邀请为客座教授。同时，现受聘于多家知名企业集团作为其商学院的客座教授，定期进行授课培训。

凭借对事业严谨执着的态度、开阔的国际视野、前瞻的艺术思维和丰富的实战经验，是他赢得业界赞誉和国际认可的秘诀。

2015年 荣获2015'澳门国际设计联展第二届"金莲花"杯国际设计大师邀请赛"公共空间类"铜奖。

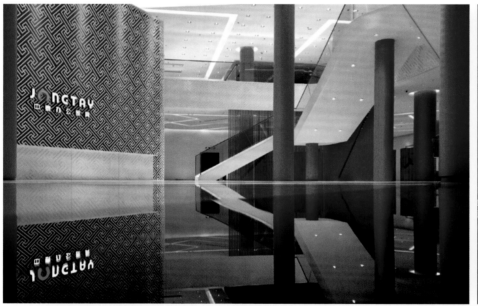

中泰家具博览馆

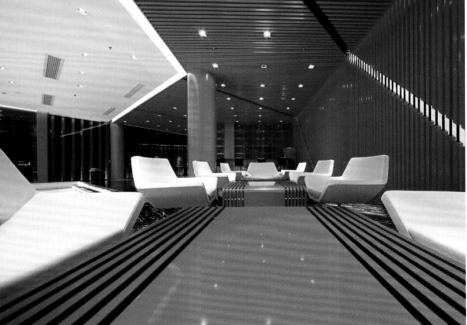

派格走过四季展厅

唐玉霞

唐玉霞是大鱼缤纷（北京）装饰艺术设计有限公司创始人
2015年 荣获2015'澳门国际设计联展第二届"金莲花"
杯国际设计大师邀请赛"公共空间类"提名奖

大鱼缤纷是商业、会所、别墅、住宅等空间设计集成服务
的专家，产业体系涵盖室内设计、景观设计、配饰设计及
家居定制等，为业主提供定制化的整体室内空间解决方案。
作为设计领域的新锐力量，公司秉承对艺术的不懈追求、
对原创的执着坚守，凭借先进的空间设计和色彩设计理
念、强大的设计和配饰资源整合能力，构筑起全方位的
专业服务平台。
大鱼缤纷独家创建MOD标准服务主张，采用全自有"标
准化"核心作业，用目标效果主导设计理念，用设计理
念引导原创方案，用原创方案指导定制生产，已构建起
空间设计服务的全价值链条。
大鱼缤纷拥有顶尖的空间理念创作团队，真正将用户感
受作为核心诉求，将大鱼独有的设计气质，倾注到多样
的风格表现中，大鱼团队，是原创设计的先行者。坚持
精益求精，崇尚不拘一格，追求品质卓越，用心为客户
创造美的空间。

北京燕西华府样板间

世茂國際廣場
SHIMAO
INTERNATIONAL PLAZA

世茂城市广场

天津阳光新业售楼处

张 灿

高级室内建筑师、建筑学硕士
四川音乐学院成都美术学院 专聘教授
西南交通大学 环境艺术 客座教授
四川国际标榜职业学院环境艺术 特聘教授
全国杰出中青年室内建筑师
全国百名优秀室内建筑师
IAI亚太建筑师与室内设计师联盟资深会员
1997年创办四川视达建筑装饰设计有限公司

四川创视达建筑装饰设计有限公司

成都东郊记忆演艺中心

WELLESLEY
FLOORS
伊顿·威尔仕利

A cappella
阿卡贝拉

谢英凯

汤物臣·肯文创意集团执行董事兼设计总监

广州大学室内设计系毕业

法国国立工艺学院（CNAM）工程与设计项目管理硕士

广州美术学院客座讲师

中国建筑学会室内设计分会第九（广州）专委会执行会长

中国建筑学会室内设计分会《中国室内》杂志编委

羊城设计联盟副理事长

法国室内设计协会会员

中国房地产协会商业地产专委会商业地产研究员

"七+5"公益设计组织联合创办人

社会荣誉

2012年金堂奖——年度公益设计奖

2012年Hospitality Design Awards美国酒店空间设计大奖

2013年iC@ward——金指环全球设计大奖银奖

2014年中国香港APIDA设计奖

2014年英国餐厅酒吧设计奖

2015年金堂奖年度最佳展览设计奖

2015年中国台湾TID设计大奖

2015年意大利A'设计大奖

2015年英国SBID设计奖

2015年日本优良设计奖

2015年美国年度最佳设计奖冠军

2015年荣获2015'澳门国际设计联展第二届
"金莲花"杯国际设计大师邀请赛"公共空间类"提名奖

2016年德国iF设计大奖

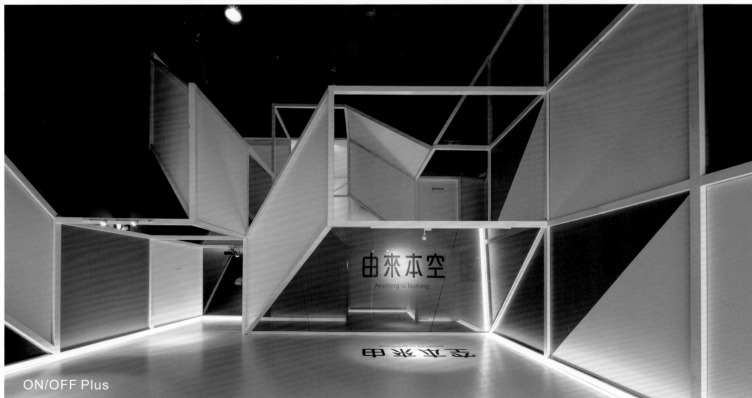

ON/OFF Plus

滚石新天地/New Rock World

赵子欣　　马宵龙

摄　　影：刘育麟
参与设计：高喜芳
　　　　　白晓龙
　　　　　贾　涛
空间指导：肖可可
荣获2015'澳门国际设计联展第二届"金莲花"
杯国际设计大师邀请赛"商业空间类"金奖

太原东方精品料理——"梵"餐舍

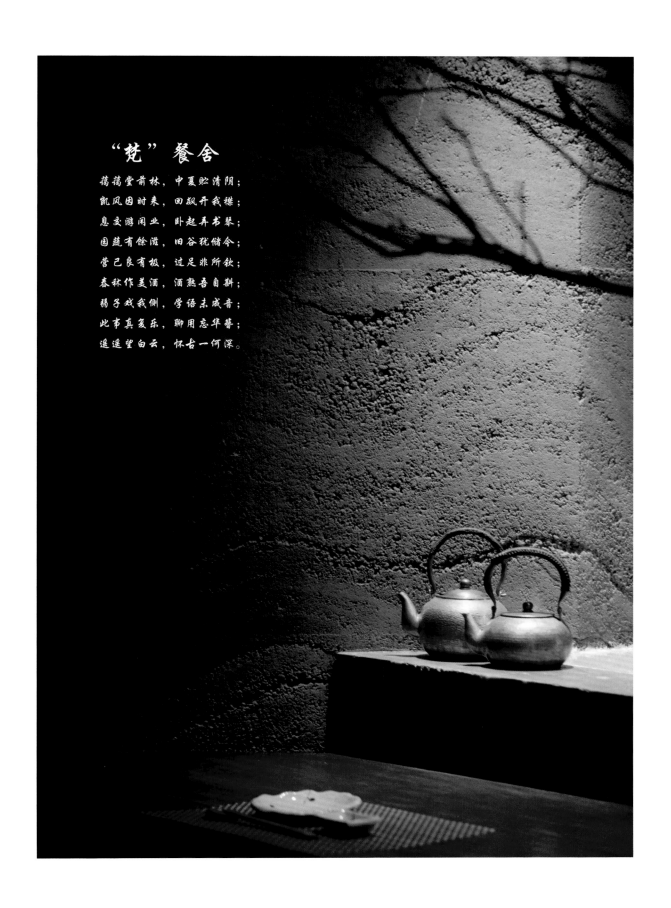

"梵"餐舍

蔼蔼堂前林，中夏贮清阴；
凯风因时来，回飙开我襟；
息交游闲业，卧起弄书琴；
园蔬有馀滋，旧谷犹储今；
营己良有极，过足非所钦；
春秋作美酒，酒熟吾自斟；
弱子戏我侧，学语未成音；
此事真复乐，聊用忘华簪；
遥遥望白云，怀古一何深。

白晓龙

山西圆创设计工作室 首席设计师
中国建筑装饰协会 高级室内建筑师
山西省室内装饰协会设计委员会陈设空间专业组设计师

荣誉奖项
2011—2012年第二届国际环境艺术创新设计大赛三等奖
2013年山西室内设计大奖优秀奖
2013年第四届中国国际空间环境艺术设计大赛优秀奖
2015年第三届山西室内设计大奖赛三等奖
2015年中国山西"居然杯"室内设计大奖赛二等奖
2015年荣获澳门国际设计联展第二届"金莲花"
杯国际设计大师邀请赛"商业空间类"银奖

开往春天的地铁

林福星

台北联合空间策划（台湾）有限公司创始人兼CEO

林福星联合空间策划（深圳）有限公司创始人兼CEO

1997年林福星在中国台北创立他第一间设计工作室—
台北联合空间策划有限公司，开始精彩的设计人生；

2005年前往日本千叶大学工学院工业设计系以访问
学者身份继续深造；

2008年来到中国大陆，游走各地，了解大陆文化、
风土人情并定居广东深圳，2013年开设以个人名字
命名针对高端客户群体提供高质量的室内设计公司
—林福星联合空间策划（深圳）有限公司；

2015年荣获2015'澳门国际设计联展第二届"金
莲花"杯国际设计大师邀请赛"商业空间类"铜奖。

新世界誉名别苑（名镌）售楼处会所

陈 玮

深圳科源建设集团珠海分公司设计总监
高级室内建筑师
中国建筑学会室内设计分会（CIID）理事
CIID珠海（第三十）专委会副秘书长
珠海室内设计协会常务理事
澳门国际设计联合会理事
2009年 IDA2009第二届国际建筑景观室内设计大赛银奖
2010年 第五届海峡两岸四地室内设计大赛铜奖
2010年 第五届中国国际设计艺术博览会2009—2010年
度杰出设计师奖
2010年 第五届海峡两岸四地室内设计大赛银奖
2012年 第九届中国国际室内设计双年展优秀奖
2014年 CIID珠海（第三十）分会十大青年设计师
2014年 CIID中国建筑学会室内设计分会高级室内建筑师职称
2015年 澳门国际设计联展第二届"金莲花"杯国际设计大师
邀请赛"商业空间类"提名奖
2015年 澳门国际设计联展第二届"金莲花"杯国际设计大师
邀请赛"室内空间方案类"提名奖

珠海九洲港游艇俱乐部

金厨泰国餐厅

李 智

广州美术学院首届环境艺术专业
法国国立艺术学院工程与设计项目管理硕士
广东建筑装饰设计研究院院长
广州亦智装饰设计有限公司创意总监
广州美术学院客座教授
培正商学院客座教授
广东省建筑装饰设计协会副会长
广州市建筑装饰行业协会设计委副主任
获中国建筑装饰协会颁发国家级资深室内建筑师
全国有成就的高级环境艺术设计师
中国百名优秀室内建筑师
荣获2015'澳门国际设计联展第二届"金莲花"
杯国际设计大师邀请赛"商业空间类"提名奖

珠江新城新炳胜

富田菊铁板皇尚料理

钟东伟

1999年毕业于广东轻工职业技术学院，主修室内设计。
2010年参加湖南大学项目管理与发展高级研修班。
IDA国际设计师协会理事。

多年来一直从事建筑空间设计与各类艺术相关工作，
获得国内外多项大奖，2004年从设计总监成为尤美
设计装饰工程有限公司董事长。2006年创立东地艺
术机构，成立东地仓库画廊，多次成功策划国际艺术
家的艺术展与活动。2012年投资东地素舍微酒店，并
获亚太设计奖项。

目前已创办和拥有"YOU&ME"、"东地仓库"、
"东地素舍"、"清水良田"、"素舍"等公司及品牌。

所获奖项

IFI国际室内设计大赛入围奖
第四届全国室内设计大奖金奖
2005年CIID中国室内设计大奖赛佳作奖
2012年亚太设计双年大奖赛优秀奖
荣获2015'澳门国际设计联展第二届"金莲花"
杯国际设计大师邀请赛"商业空间类"提名奖

三合堂茶道空间

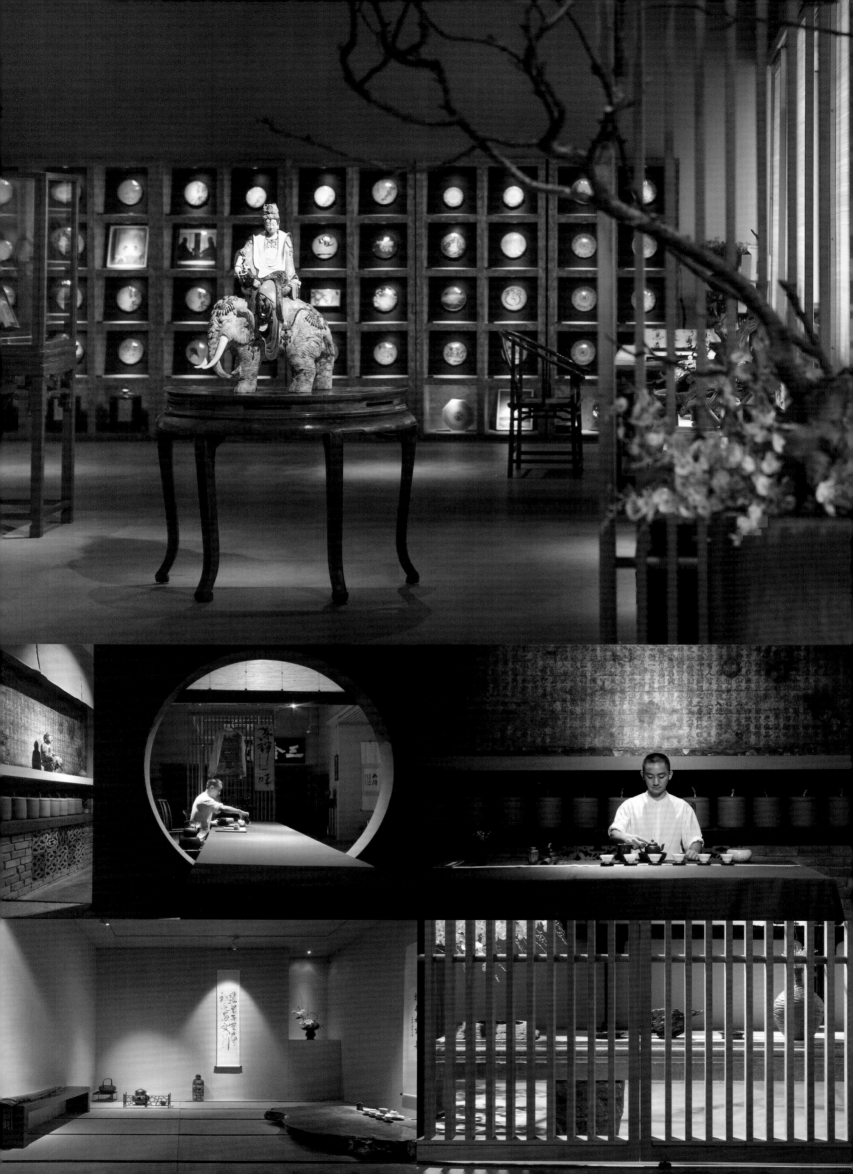

罗灵杰、龙慧祺

罗灵杰和龙慧祺于2004年创立壹正企划有限公司，该公司至今已荣获369项国际设计奖项。壹正企划连续11年入选被《周日泰晤士报》誉为"室内设计界的奥斯卡奖"的英国安德鲁·马丁国际室内设计年度大奖，并于2012年成为该奖项的全球唯一年度大奖，也是首次获此殊荣的亚洲设计公司。

2014年罗灵杰荣获香港十大杰出设计师大奖和十大杰出青年奖

其他重要奖项：

美国《室内设计》杂志最佳设计大奖Best in 10 x 1、最佳设计金奖 x 6、荣誉奖 x 7、优异奖 x 3

美国国际设计大奖年度最佳室内设计师奖（室内设计组别中最高荣誉）x 1、金奖 x 3

美国 Gold Key Awards 金奖 x 3

美国 IIDA Will Ching 设计比赛金奖 x 1

美国 IIDA亚太区最佳设计比赛金奖 x 2、优胜奖 x 3、优异奖 x 4

美国 IIDA 全球卓越设计奖金奖 x 1、优异奖 x 1、优胜奖 x 6、全场最佳大奖 x 1

美国星火国际设计金奖 x 1、优异奖 x 10

英国 International Property Awards 五星大奖 x 2、最高荣誉 x 8

英国 London International Creative Competition 年度设计师大奖 x 1、荣誉奖 x 3、入围奖 x 4

德国 IF Design Award 金奖 x 2（壹正企划是香港唯一一间两度获此殊荣的室内设计公司）、优异奖 x 8

德国 Red Dot Design Award 金奖 x 6

德国 German Design Award 金奖 x 2、荣誉奖 x 1、推荐奖 x 1

日本 Good Design Award 优胜奖 x 2

日本 JCD Design Award 100 佳奖 x 9、评审特奖 x 1、银奖 x 1

中国台湾室内设计大奖金奖 x 2、TID奖 x 12、最后入围奖 x 3

中国香港 A&D Trophy Awards 年度最佳大奖 x 1、类别最佳大奖 x 1、优胜奖 x 3

中国香港 Asia Pacific Interior Design Award 金奖 x 6、银奖 x 2、铜奖 x 2、优胜奖 x 5、优异奖 x 5、Best 10 x 1、评审特别大奖 x 1、推荐奖 x 1

中国香港 Hong Kong Design Association Award 金奖 x 1、银奖 x 3、铜奖 x 6、优胜奖 x 3、中国香港最佳大奖 x 2、优异奖 x 4

2015'中国澳门国际设计联展第二届"金莲花"杯国际设计大师邀请赛"室内空间方案类"金奖

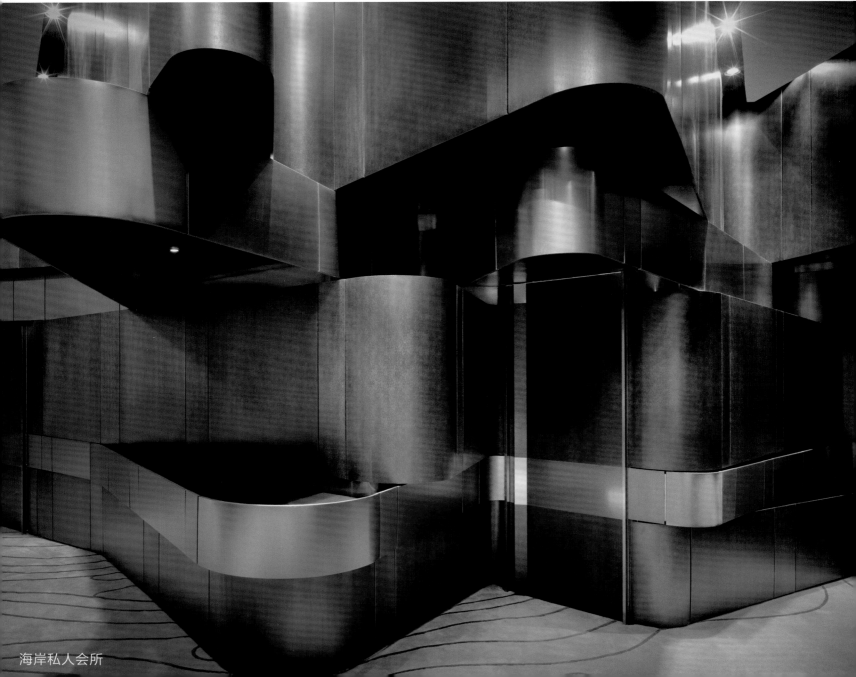

海岸私人会所

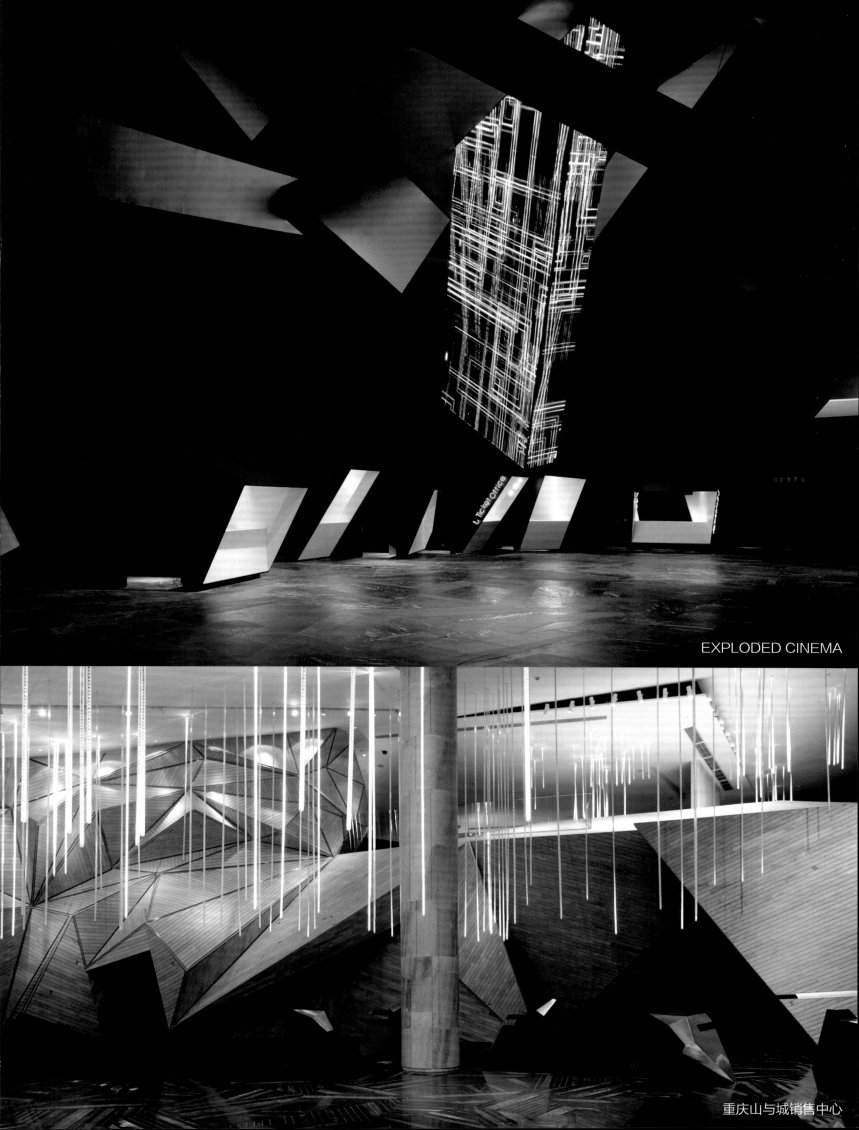

EXPLODED CINEMA

重庆山与城销售中心

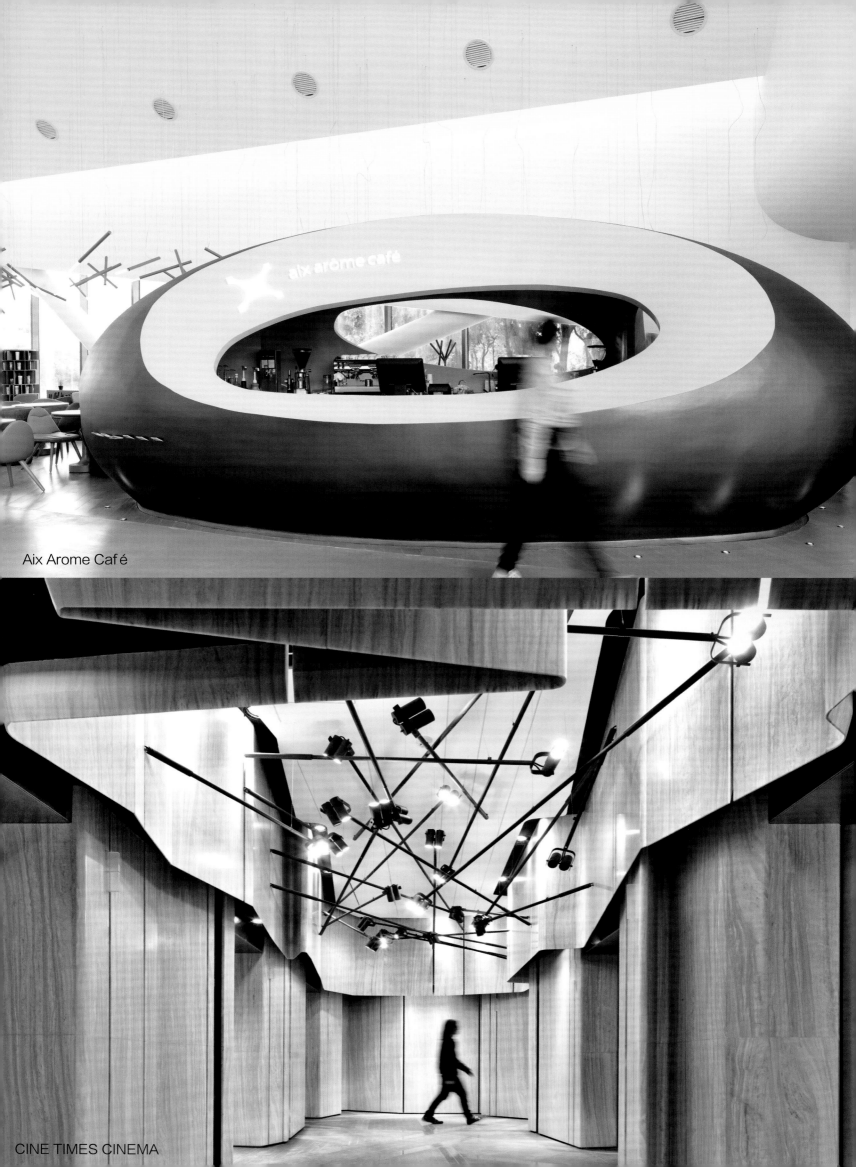

Aix Arome Café

人一口

PLUS PLUS

这张以"香港"为主题的座椅，展现出与香港一样灵活多变的特性，座椅以多块不同大小的三角形板块组成，可按个人喜好自由配搭，每块板旁边均有拉链，感觉就如重回孩提时代，任由天马行空的想象自由穿梭，创造出自己专属的家具。这设计概念打破传统的座椅设计框框，增添组装的趣味，不同数目及大小的板块衍生出无尽的可能，令座椅充满变化，带来焕然一新之感。

THE CHAIR, WITH A THEME THAT RELATES TO 'HONG KONG', REFLECTS ITS VERSATILITY AND FLEXIBILITY THROUGH A UNIQUE CONCEPT. BEING CONSTRUCTED WITH TRIANGULAR BOARDS OF DIFFERENT SIZES, THE CHAIR COULD BE BUILT ACCORDING TO ONE'S PERSONAL LIKING. THE BOARDS WERE COVERED WITH TWO VARIOUS COLORS OF MAN-MADE LEATHER, WHEREAS HAVING ZIPPERS ATTACHED TO THE SIDE.

THIS BRAND NEW DESIGN CONCEPT BRINGS A FRESH IDEA INTO HOW CHAIRS SHOULD LOOK LIKE. BY THE LIMITLESS POSSIBILITY OF THE COMBINATIONS OF THE BOARDS, ONE CAN BUILD COUNTLESS VERSIONS OF THE CHAIR. BY SIMPLY ADDING OR ELIMINATING THE BOARDS, A BRAND-NEW ADAPTATION OF THE CHAIR WOULD BE CREATED, MAKING THE WHOLE PROCESS BOTH JOYOUS AND INNOVATIVE.

ONE PLUS PARTNERSHIP LIMITED
壹 正 企 劃 有 限 公 司
WWW.ONEPLUSPARTNERSHIP.COM

葛晓彪

宁波金元门广告公司总经理，三年前接触室内设计。主要作品有巴黎情怀、卡塔尼亚之恋、蓝调的优雅、A公寓、1978俱乐部、丹青墨影、晨曦。作品入选《神韵：新中式空间设计典藏》、《豪宅设计巡礼2》、《再定义奢华宅邸》、《古今中外——透析软装设计六大要素》、《理想居·别墅豪宅》、《豪宅大赏Ⅱ》、《浪漫新古典Ⅱ》、《摩登样板间Ⅲ——新中式》、《摩登样板间Ⅲ——新现代》、《私享会所》、《顶级会所》。选登杂志类的媒体有《瑞丽家居设计》、《现代装饰》、《Id+C》、《家居主张》、《宁波装饰》、《装潢世界》等。荣获2014年第三届中国软装100设计盛典亨特窗饰杯；2014年宁波空间创意展年度创意人物；2014年第十届中国国际室内设计双年展优秀奖；2014年"居然杯"CIDA中国室内设计大奖住宅设计提名奖；2014年师客莱德空间设计奖——荣获最佳豪宅设计师奖；2015年荣获别墅豪宅类"金创意"金奖；2015年荣获家居空间类"金创意"金奖；荣获第三届金创意年度十大最具影响力设计师奖。2015年荣获澳门国际设计联展第二届"金莲花"杯国际设计大师邀请赛"室内空间方案类"银奖。

英伦水岸2号别墅

单昱俊

1996年毕业于苏州职业大学室内装饰陈设设计专业
2010年毕业于清华大学设计研修班
2012年就读于中国人民大学艺术学院设计艺术学专业
研究生课程班
2014毕业于英国伦敦切尔西艺术学院室内设计研修班
获奖荣誉
国家注册一级建造师
高级室内建筑师
高级室内设计师
亚太酒店设计协会理事
2011—2012年度"室内设计百强人物"
无锡天盛售楼处荣获2010—2011年"国际环境艺术创新奖"
青岛万达广场售楼处及样板房荣获2009年"尚高杯中国室
内设计大奖赛"三等奖
昆明新南亚风情园豪生大酒店荣获苏州名仕会SPA佳作奖
河南新乡金谷大酒店荣获2009年中国室内设计大奖赛优秀
奖及2010年亚太大奖赛优秀奖常州山水桃源会所项目荣
获2009年尚高杯设计大赛优秀奖
重庆江北区鸿恩寺公园接待中心荣获2010年中国室内空间
环境设计大赛酒店类二等奖
成都创源中心办公楼荣获2012年CIDA中国室内设计大奖
荣获2015'澳门国际设计联展第二届"金莲花"杯国际设
计大师邀请赛"室内空间方案类"铜奖

郑州龙湖金融中心-C4-20地块

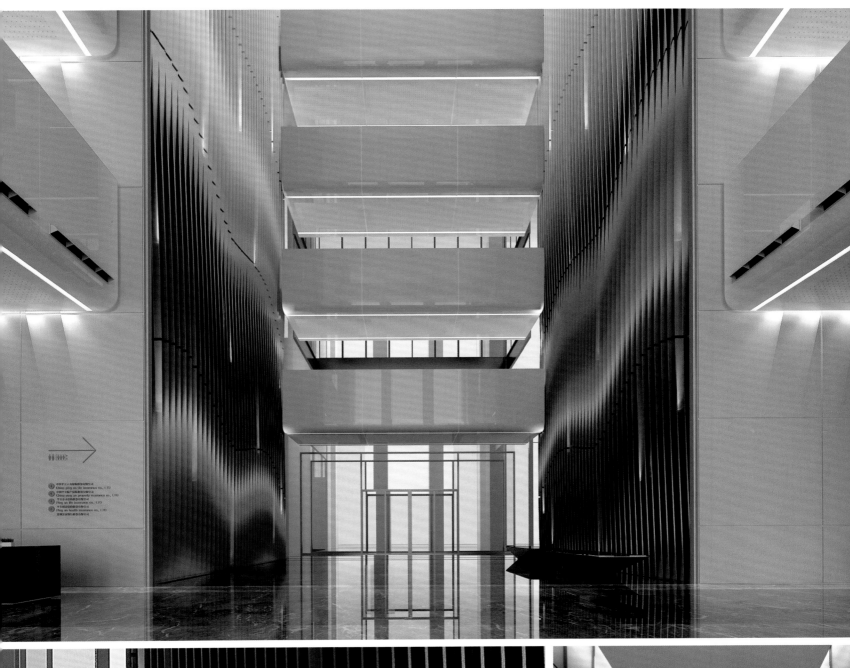

点石成金—平安金融大厦

唐锦同

中国高级室内建筑师
中国陈设艺术设计师
中国建筑学会室内设计分会会员
中国陈设艺术委员会会员
珠海横琴汉鼎装饰设计工程有限公司
首席设计师
澳门国际设计联合会副秘书长
2015年 荣获2015'澳门国际设计联
展第二届"金莲花"杯国际设计大师
邀请赛"其他空间方案类"提名奖

太空舱

时代广场售楼部新调

罗灵杰、龙慧祺

罗灵杰和龙慧祺于2004年创立壹正企划有限公司，该公司至今已荣获369项国际设计奖项。壹正企划连续11年入选被《周日泰晤士报》誉为"室内设计界的奥斯卡奖"的英国安德鲁·马丁国际室内设计年度大奖，并于2012年成为该奖项的全球唯一年度大奖，也是首次获此殊荣的亚洲设计公司。

2014年罗灵杰荣获香港十大杰出设计师大奖和十大杰出青年奖

其他重要奖项：

美国《室内设计》杂志最佳设计大奖Best in 10 x 1、最佳设计金奖 x 6、荣誉奖 x 7、优异奖 x 3

美国国际设计大奖年度最佳室内设计师奖（室内设计组别中最高荣誉）x 1、金奖 x 3

美国 Gold Key Awards 金奖 x 3

美国 IIDA Will Ching 设计比赛金奖 x 1

美国 IIDA亚太区最佳设计比赛金奖 x 2、优胜奖 x 3、优异奖 x 4

美国 IIDA 全球卓越设计奖金奖 x 1、优异奖 x 1、优胜奖 x 6、全场最佳大奖 x 1

美国星火国际设计金奖 x 1、优异奖 x 10

英国 International Property Awards 五星大奖 x 2、最高荣誉 x 8

英国 London International Creative Competition 年度设计师大奖 x 1、荣誉奖 x 3、入围奖 x 4

德国 IF Design Award 金奖 x 2（壹正企划是香港唯一一间两度获此殊荣的室内设计公司）、优异奖 x 8

德国 Red Dot Design Award 金奖 x 6

德国 German Design Award 金奖 x 2、荣誉奖 x 1、推荐奖 x 1

日本 Good Design Award 优胜奖 x 2

日本 JCD Design Award 100 佳奖 x 9、评审特奖 x 1、银奖 x 1

中国台湾室内设计大奖金奖 x 2、TID奖 x 12、最后入围奖 x 3

中国香港 A&D Trophy Awards 年度最佳大奖 x 1、类别最佳大奖 x 1、优胜奖 x 3

中国香港 Asia Pacific Interior Design Award 金奖 x 6、银奖 x 2、铜奖 x 2、优胜奖 x 5、优异奖 x 5、Best 10 x 1、评审特别大奖 x 1、推荐奖 x 1

中国香港 Hong Kong Design Association Award 金奖 x 1、银奖 x 3、铜奖 x 6、优胜奖 x 3、中国香港最佳大奖 x 2、优异奖 x 4

2015'中国澳门国际设计联展第二届"金莲花"杯国际设计大师邀请赛"室内空间方案类"金奖

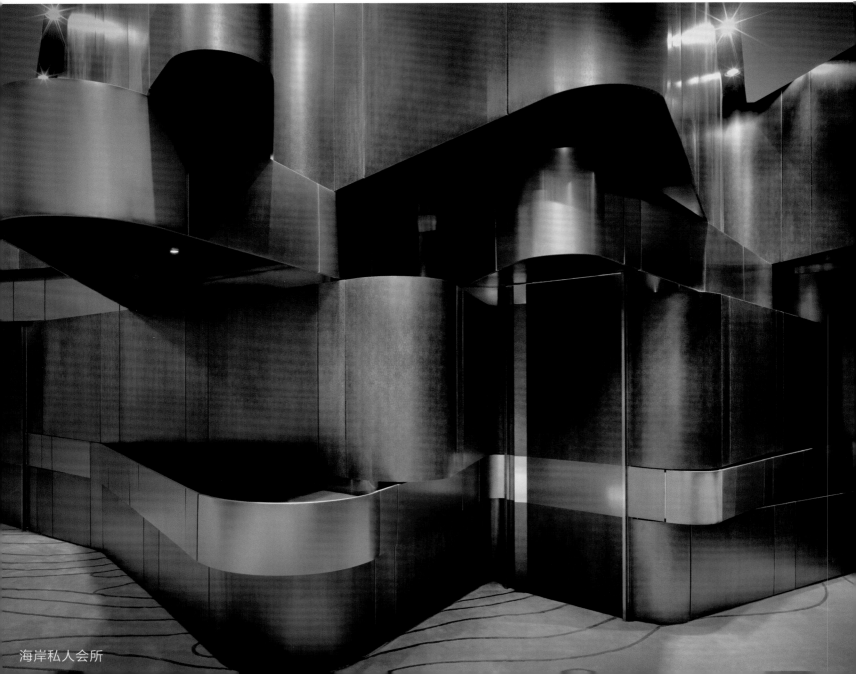

海岸私人会所

MACAO
澳门国际设计联展
INTERNATIONAL
DESIGN EXHIBITION

金莲花
Golden Lotus

首届"金莲花"杯国际
（澳门）大学生设计大赛
获奖作品

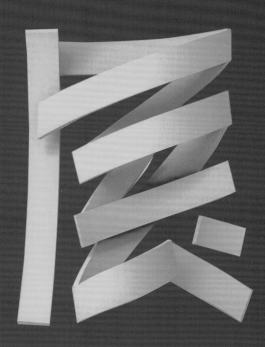

首届"金莲花"杯国际（澳门）大学生设计大赛获奖作品名录

建筑·景观类

金奖：Ines Sofia Mateus Ribeiro

银奖：粟悦

铜奖：林广玲

提名奖：戴绍良+黄俊添+何志成、吕思安、吴相瑛+齐徽+林振宇+周禹

室内空间类

金奖：林晋城+董雪娥+林宏屹+黄晓斌

银奖：鲁天姣

铜奖：麻亚琳

提名奖：梁晓雯、林晓芳、李清

软装类

铜奖：陈晓琳

提名奖：孙汉良、崔宇

Ines Sofia Mateus Ribeiro

University Of Coimbra
Arch.nuno Grande

2015年 荣获首届"金莲花"杯国际（澳门）
大学生设计大赛"建筑·景观类"金奖

Planta Piso Tipo | Perspectiva Hotel

1/2000

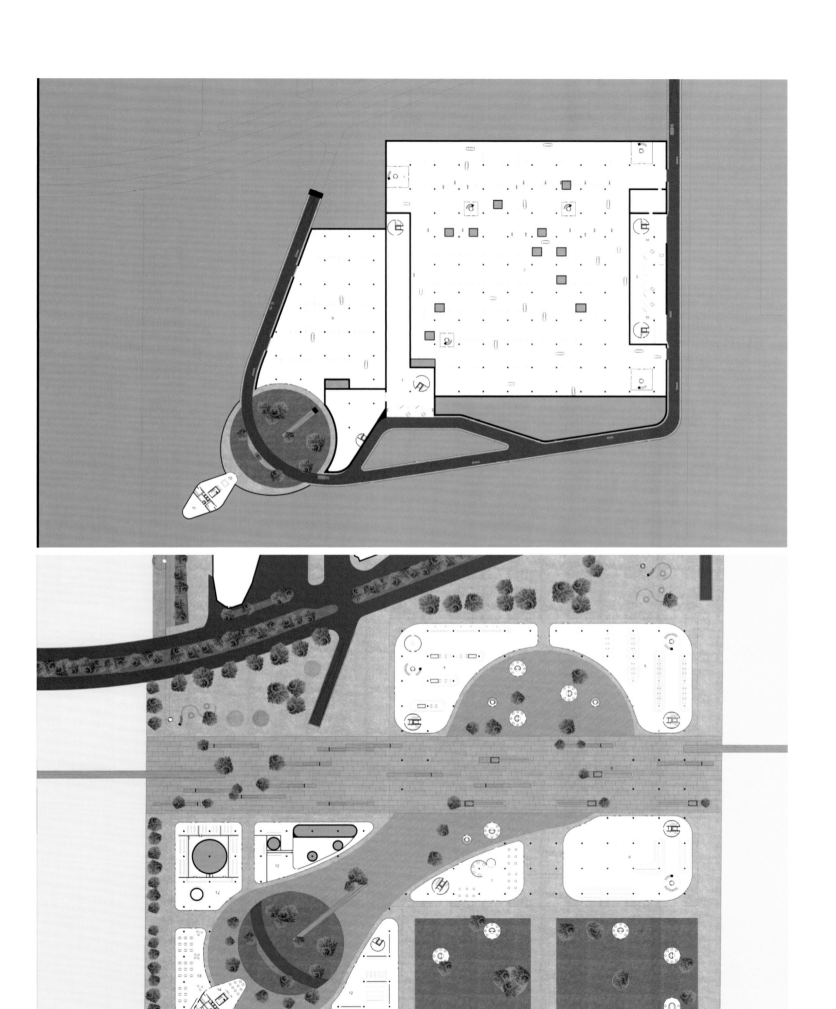

M +

Urban Market | Hotel | LRT St

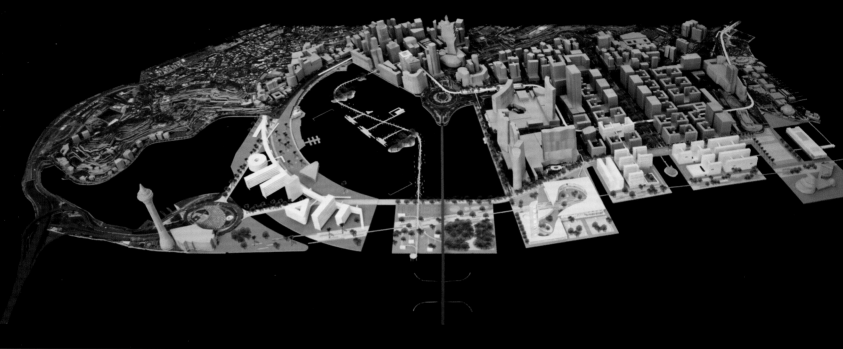

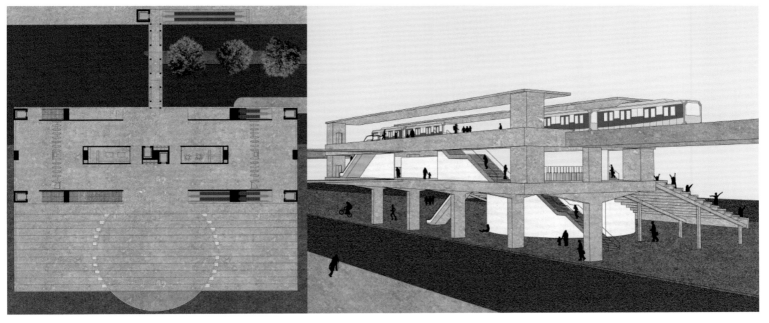

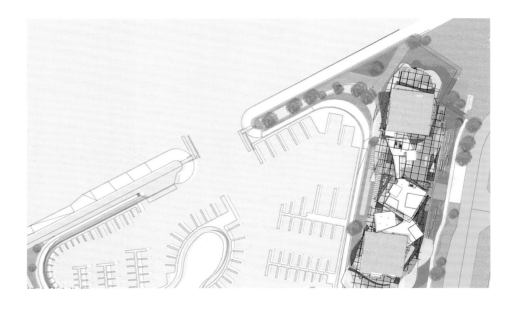

粟 悦

指导老师：李亚群

在读院校：吉林大学珠海学院

2015年 荣获首届"金莲花"杯国际（澳门）
大学生设计大赛"建筑·景观类"银奖

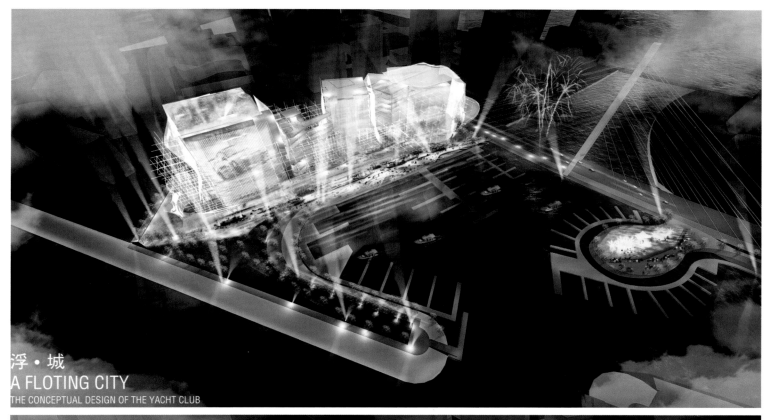

浮・城
A FLOTING CITY
THE CONCEPTUAL DESIGN OF THE YACHT CLUB

林广玲

指导老师：符军

就职单位：天津中国国际工程设计有限公司
　　　　　珠海分公司

毕业院校：广东工业大学华立学院

2015年 荣获首届"金莲花"杯国际（澳门）
大学生设计大赛"建筑·景观类"铜奖

手指公餐厅设计

纵·森
ZONG SEN
社区立体公园概念设计
THREE-DIMENSIONAL CONCEPTUAL DESIGN
COMMUNITY PARK

戴绍良、黄俊添、何志成

指导老师：麥冰儒
在读院校：广州美术学院城市学院
2015年 荣获首届"金莲花"杯国
际（澳门）大学生设计大赛"建筑
·景观类"提名奖

SPATIAL
ANALYSIS
SPACE PARTITION FUNCTION

空中休闲空间
Air recreation space

绕转休闲绿道
Casual revolving
greenway

三层、四层、五层空间
Third floor
Fourth floor
Fifth floor
Space

一层、二层空间
First floor
Second floor
Space

地下停车场
UNDERGROUND PARKING

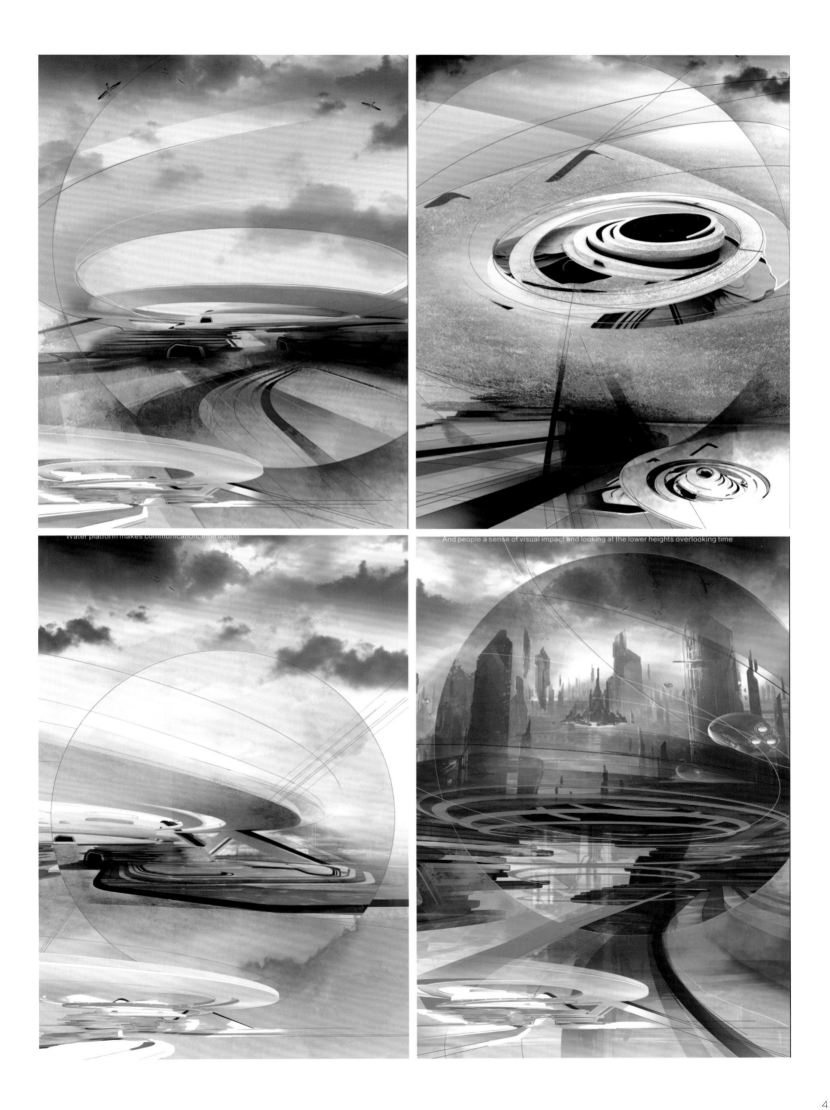

Water platform makes communication, interaction

And people a sense of visual impact and looking at the lower heights overlooking time

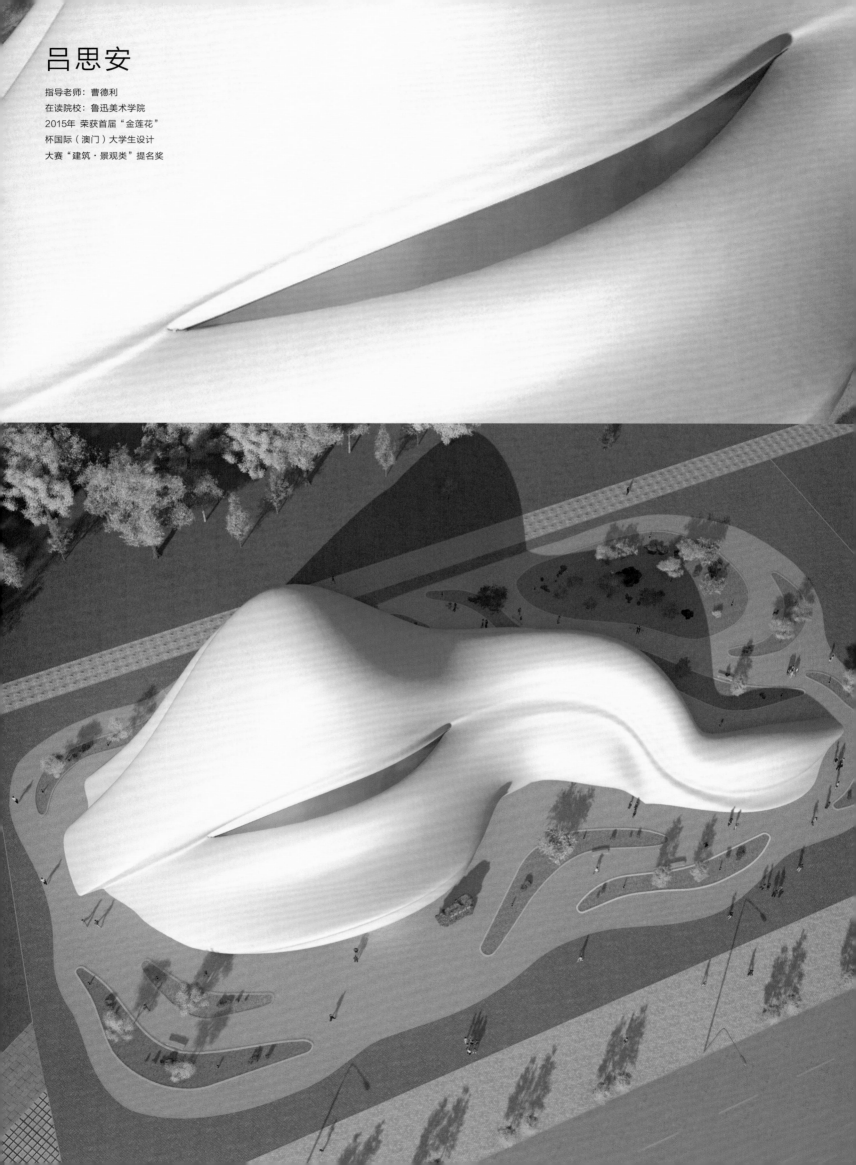

吕思安

指导老师：曹德利
在读院校：鲁迅美术学院
2015年 荣获首届"金莲花"
杯国际（澳门）大学生设计
大赛"建筑·景观类"提名奖

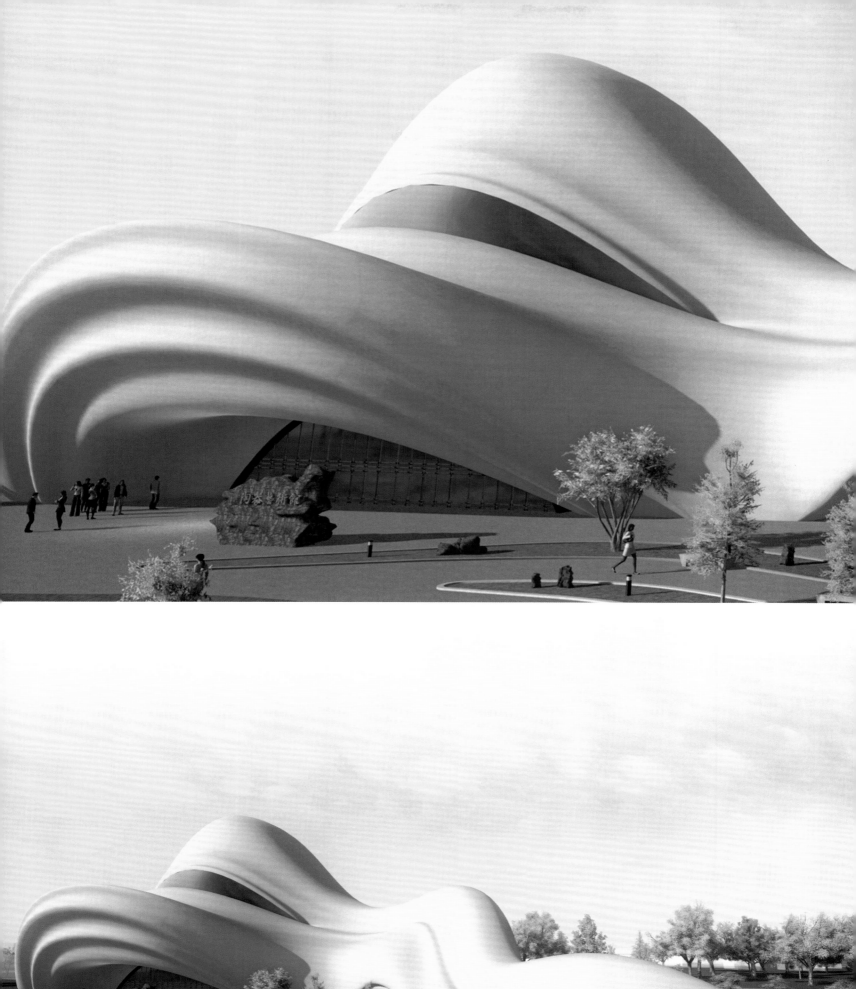

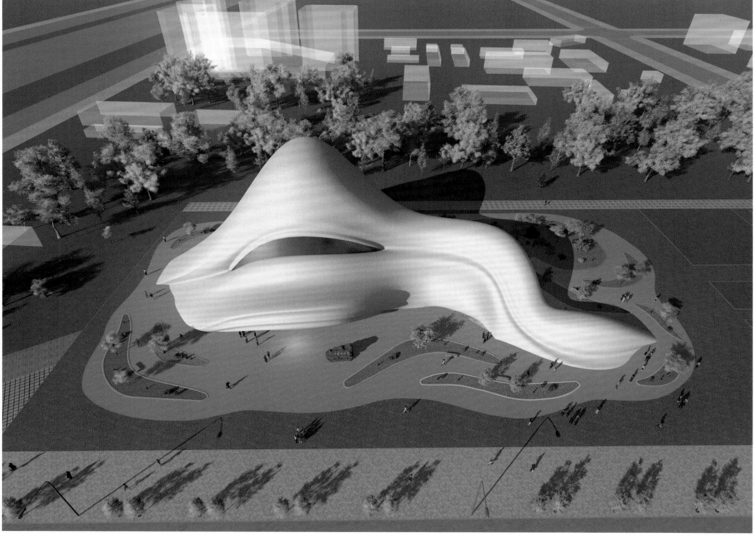

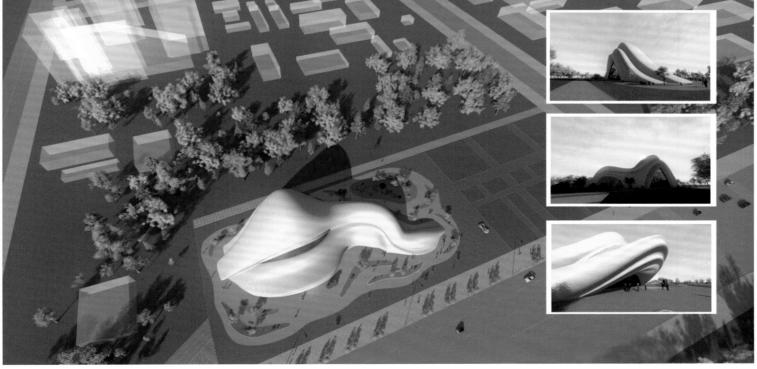

吴相瑛　　　齐徽　　　林振宇　　　周禹

指导老师：黄冠强

在读院校：澳门科技大学

2015年 荣获首届"金莲花"杯国际（澳门）大学生设计大赛"建筑·景观类"提名奖

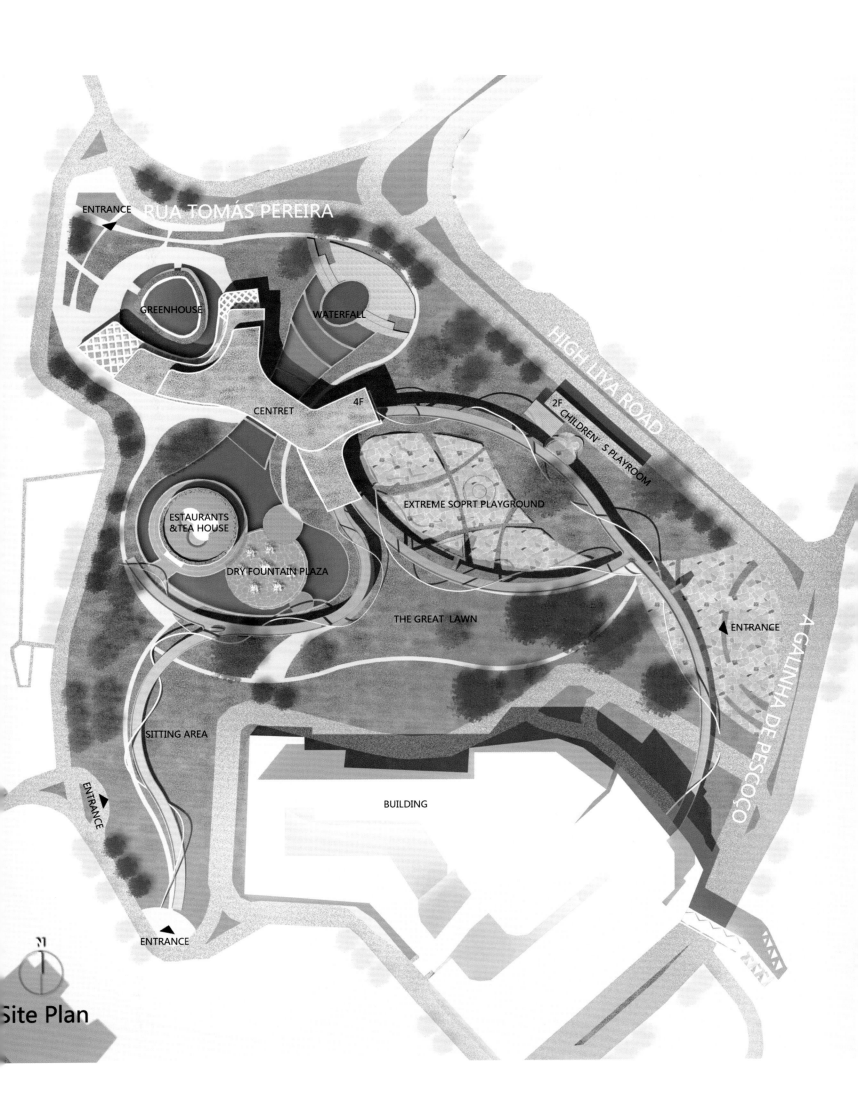

ENTRANCE

RUA TOMÁS PEREIRA

HIGH LIYA ROAD

GREENHOUSE

WATERFALL

CENTRET

4F

2F CHILDREN'S PLAYROOM

EXTREME SOPRT PLAYGROUND

ESTAURANTS
&TEA HOUSE

DRY FOUNTAIN PLAZA

THE GREAT LAWN

ENTRANCE

A GALINHA DE PESCOÇO

SITTING AREA

ENTRANCE

BUILDING

ENTRANCE

N

Site Plan

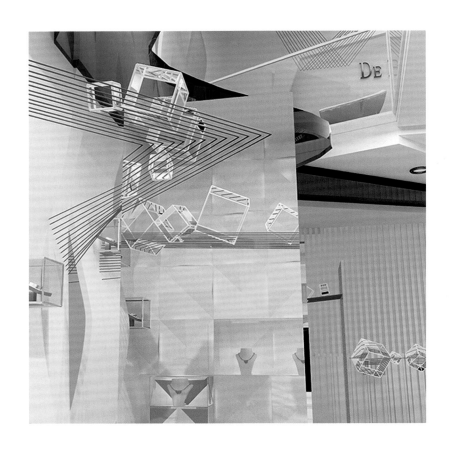

林晋城

董雪娥

林宏屹

黄晓斌

指导老师：叶昱

在读院校：福州大学厦门工艺美术学院

2015年 荣获首届"金莲花"杯国际（澳门）大学生设计大赛"室内空间类"金奖

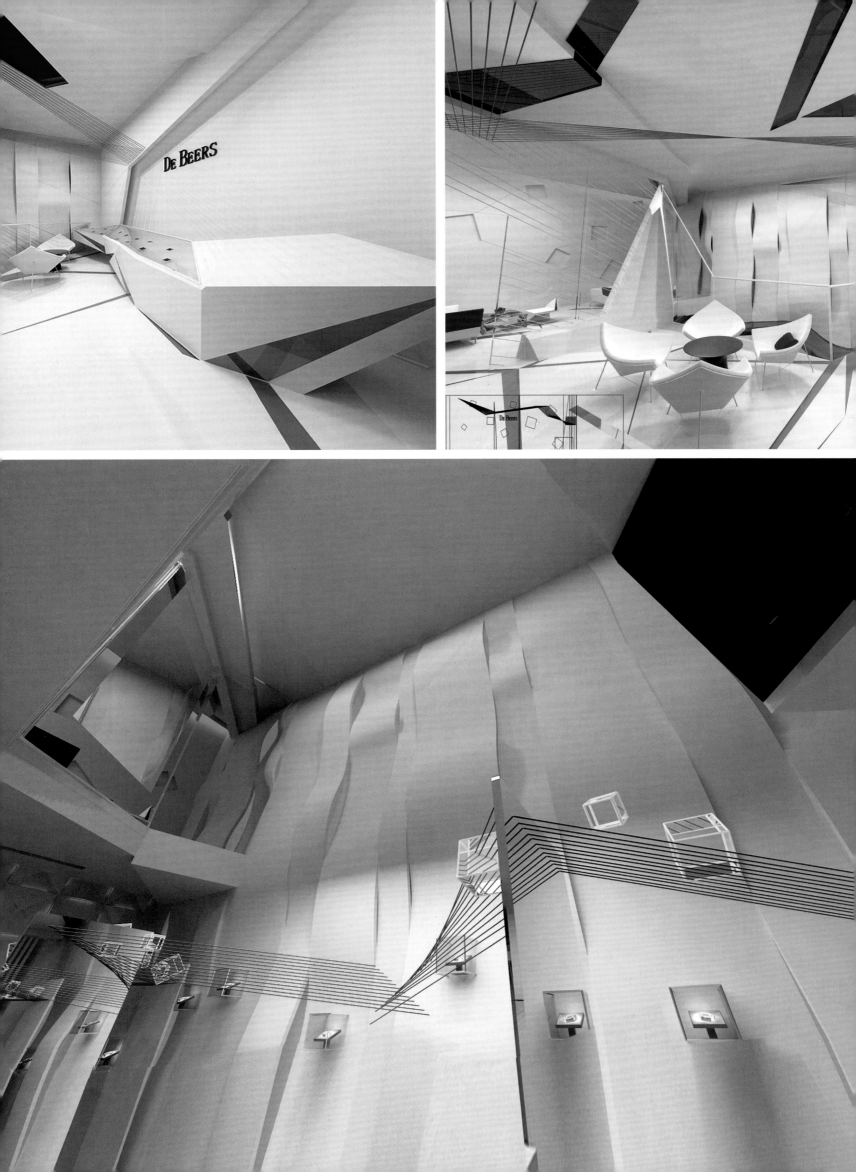

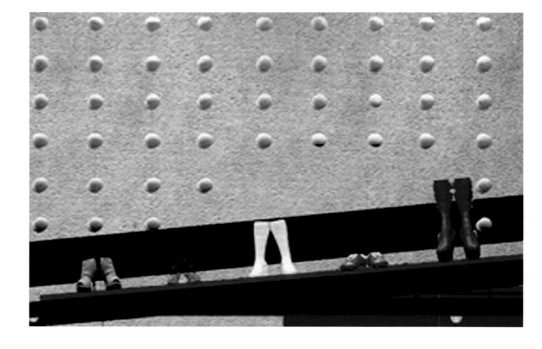

鲁天姣

指导老师：徐莹　　　在读院校：苏州大学

2015年 荣获首届"金莲花"杯国际（澳门）
大学生设计大赛"室内空间类"银奖

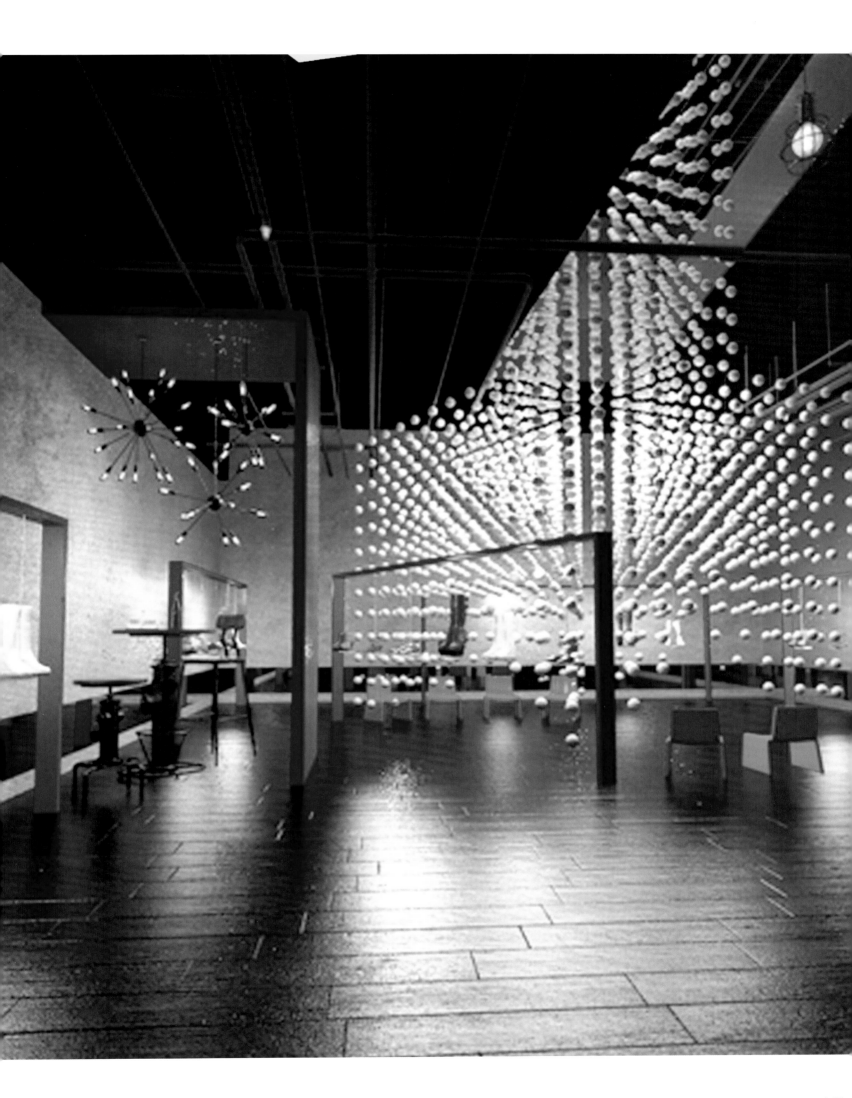

麻亚琳

指导老师：王子涵
在读院校：郑州轻工业学院
2015年 荣获首届"金莲花"
杯国际（澳门）大学生设计
大赛"室内空间类"铜奖

梁晓雯

指导老师：曹宇

在读院校：山西传媒学院

2015年 荣获首届"金莲花"杯国际（澳门）
大学生设计大赛"室内空间类"提名奖

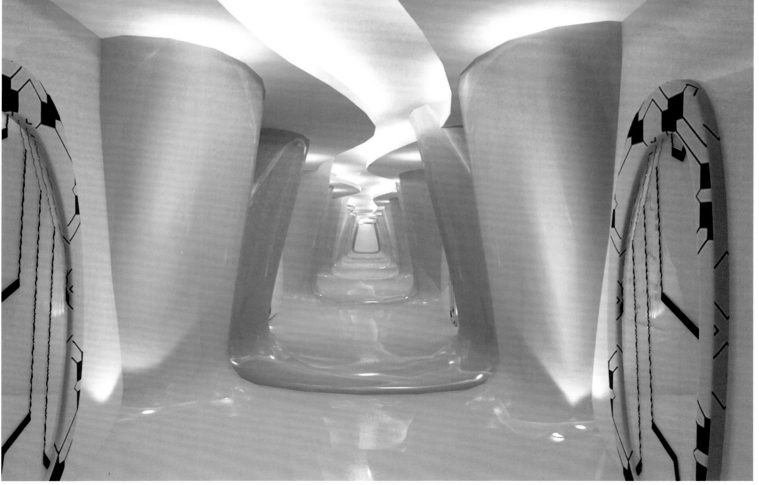

李 清

指导老师：符军

在读院校：四川艺术职业学院

2015年 荣获首届"金莲花"杯国际（澳门）
大学生设计大赛"室内空间类"提名奖

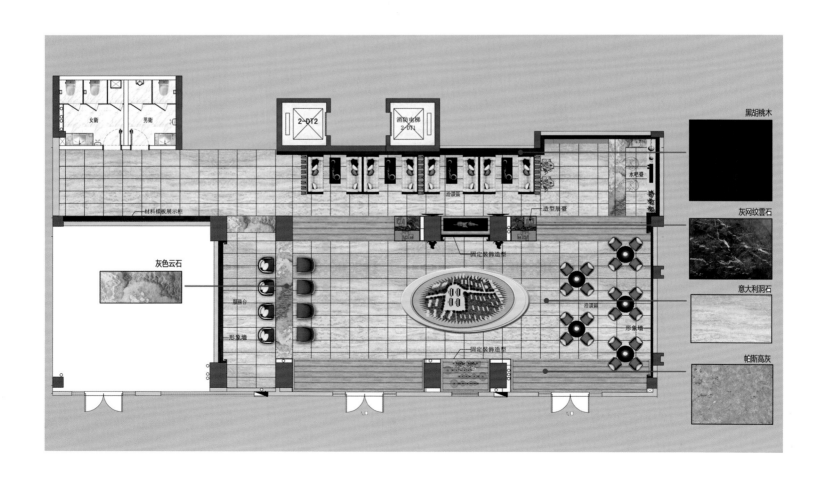

陈晓琳

指导老师：孙秋玲

在读院校：北京工业大学耿丹学院

2015年 荣获首届"金莲花"杯国际（澳门）
大学生设计大赛"软装类"铜奖

崔 宇

指导老师：王寒冰

在读院校：河北科技大学

2015年 荣获首届"金莲花"杯国际（澳门）
大学生设计大赛"软装类"提名奖

澳门国际设计联合会
Union for International Design of Macao

澳门国际设计联合会(Union for International Design of Macao)，英文简称 UIDM。协会为2015年3月经中国澳门特别行政区政府批准，正式注册成立的非牟利社团。

该会自成立以来，以推动澳门设计事业发展为前提，促进澳门与世界各地设计专业的交流与合作；举办各项关于设计创作类的展览、推广工作坊活动等；推动澳门地区对设计行业的关注；培养设计人才，并引领更多新生力量加入设计事业行列。

作为国际性设计领域权威性学术社团，协会主要依托澳门中西文化交融国际性信息平台，凭借澳门特别行政区的独特优势，传递海外信息动态，连接两岸地区发展与世界交会的理念。立足粤港澳地区，辐射全国，并影响世界。最大限度地为会员创造条件，发挥会员创意与设计才能为澳门设计行业发展做贡献；并成为沟通澳门与内地及国际设计界的桥梁，为实现澳门设计行业的蓬勃发展做贡献。

会　址：澳门新口岸宋玉生广场258号建兴龙22楼F室
Alameda Dr.Carlos d'Assumpcao,No.258,Edif.
Kin Heng Long Plaza, 22-Andar-F,Macao
Tel:(853)28723115　Fax:(853)28723427
E-mail:uidm2015@163.com
Http://www.uidm.org

Union for International Design of Macao (UIDM) was formally approved by the Macao SAR Government and incorporated non-profit associations in 2015.

Since the establishment of the Association, UIDM aimed at promoting the development of the Macao design, and the worldwide exchanges and cooperation; organizing various exhibitions on creative design classes, workshops promotion activities; promoting the design industry in Macao. As an international design authoritative academic societies, UIDM sets up a number of awards in the architectural design, environmental design, interior design (with software installed) for outstanding designers to show encouragement and for enterprises and individuals to establish a brand image, enhance the brand international influence.

RYB
设计改变世界
DESIGN CHANGES THE WORLD

澳门RYB国际·三原色设计机构
MACAO RYB INTERNATIONAL DESIGN INSTITUTE
建筑／室内／规划／景观／软装[设计]
ARCHITECTURAL/INTERIOR/PLANNING/LANDSCAPE/SOFT [DESIGN]

澳门RYB国际·三原色设计机构 <三原色（国际）设计工程顾问有限公司> 坐落于最具东西方文化色彩内涵融合的国际时尚之都——澳门。机构自成立至今，主要从事各类大小规模项目的建筑设计、室内装饰设计、园林景观设计等和顾问专业服务。本机构致力于将澳门的国际化设计理念引入内地，以期带动内地设计行业的飞速发展；同时汇聚内地优秀的设计资源，透过澳门的国际化平台，开拓内地设计行业与国际设计行业合作的道路。受澳门高端设计风潮的影响，RYB国际·三原色设计机构亦一直以开拓国内外高端设计市场为目标，凭借着环保、绿色、人文、时尚、品质的设计理念，逐渐形成了以澳门为中心向内地甚至全球辐射的RYB国际设计品牌。如今，除澳门总部外，珠海三原色建筑装饰设计院作为机构的主力先锋，对建筑、室内、园林景观等领域二十多年的专注研究，早已成为珠澳地区建筑装饰设计行业的一面旗帜。

在专业服务方面，RYB国际·三原色设计机构开创了集策划、运营、设计、顾问为一体的创新服务模式，服务众多酒店、宾馆、会所和房地产客户项目中的公共空间、销售中心、示范单位等项目。

Macao RYB International Design Institute, is located in the international fashion city—Macao. Which has the most cultural connotation fusion of East and West. Since the company birth, mainly engaged in architecture, interior design, landscape design, various types of design and consultant professional services etc. RYB draws the international design concept of Macao into mainland, in order to promote rapid development of the mainland design industry, at the same time it bring resources through Macao-the international platform, and make more cooperation between Macao and mainland. Affected by the Macao's high quality design trend, as the goal, RYB also has been to develop international design market, with environmental protection, green, humanities, fashion, quality, gradually formed the international brand in Macao to the mainland. Today, in addition to the institute in Macao, RYB International Design Institute in Zhuhai is a main pioneer, it sets up a stand of architecture, interior, landscape by focusing research in the areas for more than twenty years. In professional services, Macao RYB International Design Institute created a set of planning, operation, design, consultancy to be the innovative service mode, it gives the service of hotels, clubs and real estate in the public space, sales center, and demonstration units project etc.

地　址：澳门新口岸宋玉生广场258号建兴龙22楼F室
Alameda Dr.Carlos d'Assumpcao,No.258,Edif. Kin Heng Long Plaza, 22–Andar–F,Macao
广东省珠海市吉大九洲大道东1154号建设大厦六楼
6/F,No 1154 Jianshe building,East Jiu Zhou Avenue,Jida,Zhuhai,Guangdong
Tel: (853)28723115　0756–8603180　Fax: 0756–2154433
E–mail: sanyuanse88@qq.com
Http: //www.chinaryb.com

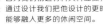

图书在版编目（CIP）数据

第二届"金莲花"杯国际设计大师邀请赛获奖作品集／
符军编著 ． —— 南京 ：江苏凤凰科学技术出版社，2016.9
ISBN 978-7-5537-6805-2

Ⅰ．①第… Ⅱ．①符… Ⅲ．①建筑设计－作品集－世
界－现代 Ⅳ．① TU206

中国版本图书馆 CIP 数据核字 (2016) 第 158869 号

第二届"金莲花"杯国际设计大师邀请赛获奖作品集

编　　　著	符军
项 目 策 划	凤凰空间／杜玉华
责 任 编 辑	刘屹立
特 约 编 辑	杜玉华

出 版 发 行	凤凰出版传媒股份有限公司
	江苏凤凰科学技术出版社
出版社地址	南京市湖南路1号A楼，邮编：210009
出版社网址	http://www.pspress.cn
总　经　销	天津凤凰空间文化传媒有限公司
总经销网址	http://www.ifengspace.cn
经　　　销	全国新华书店
印　　　刷	上海利丰雅高印刷有限公司

开　　　本	965 mm×1270 mm　1／16
印　　　张	29.25
字　　　数	256 000
版　　　次	2016年9月第1版
印　　　次	2016年9月第1次印刷

标 准 书 号	ISBN 978-7-5537-6805-2
定　　　价	498.00元

图书如有印装质量问题，可随时向销售部调换（电话：022-87893668）。